"十四五"职业教育国家规划教材

中式面点技艺

Zhongshi Miandian Jiyi

（第三版）

（烹饪类专业）

主　编　施胜胜　林小岗

高等教育出版社·北京

内容提要

　　本书是"十四五"职业教育国家规划教材，根据教育部颁布的"中式面点技艺"课程教学基本要求，并参照有关行业的职业技能鉴定规范及中级技术工人等级考核标准，在第二版的基础上修订而成。

　　本书共分 7 个项目，内容包括：走进"中式面点技艺"课程、面点制作基础、面团调制技艺、制馅技艺、成形技艺、成熟技艺、筵席面点的组合与运用。随着餐饮业发展和烹饪专业职业教育改革，本次修订采用项目-任务编写体例，增加了与教材内容相适应的图片、微视频，以及行业中有关知识内容和练习题，与相应的职业资格标准的"应知""应会"相衔接，以满足职业岗位的能力培养需要。

　　本书配套学习卡资源，按照书后"郑重声明"页中的提示，登录我社 Abook 网站可获取相关教学资源。

　　本书可作为中等职业学校中餐烹饪、中西面点等专业的教材，也可作为相关行业岗位培训教材或自学用书。

图书在版编目（CIP）数据

中式面点技艺／施胜胜，林小岗主编. -- 3 版. --
北京：高等教育出版社，2022.6（2024.11重印）
　ISBN 978-7-04-056928-5

　Ⅰ. ①中… Ⅱ. ①施… ②林… Ⅲ. ①面食-制作-
中国-中等专业学校-教材　Ⅳ. ①TS972. 132

中国版本图书馆 CIP 数据核字（2021）第 175668 号

| 策划编辑　苏　杨 | 责任编辑　苏　杨 | 封面设计　李小璐 | 版式设计　徐艳妮 |
| 责任校对　马鑫蕊 | 责任印制　赵　佳 | | |

出版发行	高等教育出版社	网　　　址	http://www.hep.edu.cn
社　　址	北京市西城区德外大街 4 号		http://www.hep.com.cn
邮政编码	100120	网上订购	http://www.hepmall.com.cn
印　　刷	人卫印务（北京）有限公司		http://www.hepmall.com
开　　本	889mm×1194mm　1/16		http://www.hepmall.cn
印　　张	10.75	版　　次	2002 年 12 月第 1 版
字　　数	210 千字		2022 年 6 月第 3 版
购书热线	010-58581118	印　　次	2024 年 11 月第 6 次印刷
咨询电话	400-810-0598	定　　价	28.00 元

第三版前言

    《中式面点技艺》第二版自2009年修订出版以来，因理论基础系统，易懂实用，操作性强，突出体现了课程改革的教材编写思想，得到全国中等职业教育烹饪类专业广大师生的认可。为适应面点制作工艺和职业教育改革的新发展，健全德技并修、工学结合育人机制，落实立德树人根本任务，我们在第二版的基础上进行了修订。

    本次修订在保持原教材框架的基础上，体现中式面点的新技术、新工艺、新规范，与行业标准的内容相结合，注重专业技能的认知，以增强学生的职业能力。修订中对教材体例进行了调整，采用项目-任务式结构，能够更好地满足教学改革的需要。增加了面点制作关键操作的图片、微视频，增加了行业中有关知识内容，更新了知识链接的内容，以增强学生对中华优秀饮食文化的认同感，图文并茂、通俗易懂。"练习与拓展"中题型、题量适当增加，以辅助职业技能证书的获得。教材在传统面点制作教学过程中，注意培养学生的专业精神、职业精神、工匠精神，突出职业教育的特色，集知识性、逻辑性、操作性、信息化于一体，采取灵活多样的形式，利用多种教学媒介，充实和丰富了课程教学的形态。

    本书建议教学安排72学时，采用"理实一体化"的教学方法，具体见下表：

学时分配表（供参考）

项目	教学内容		学时数	
		合计	讲授	实践
	走进"中式面点技艺"课程	7	7	
项目1	任务1.1 中式面点概述	1	1	
	任务1.2 中式面点制作的历史及其发展方向	2	2	
	任务1.3 中式面点的主要风味流派	2	2	
	任务1.4 中式面点的分类及其制作特点	2	2	
项目2	面点制作基础	8	6	2
	任务2.1 面点制作工艺流程	2	1	1
	任务2.2 面点原料知识	3	3	
	任务2.3 面点制作设备与工具	2	1	1
	任务2.4 面点制作基本要求	1	1	

项目	教学内容		学时数		
			合计	讲授	实践
项目3	面团调制技艺		20	10	10
	任务3.1	水调面团调制技艺	4	2	2
	任务3.2	膨松面团调制技艺	4	2	2
	任务3.3	油酥面团调制技艺	4	2	2
	任务3.4	米粉面团调制技艺	4	2	2
	任务3.5	其他面团调制技艺	4	2	2
项目4	制馅技艺		13	7	6
	任务4.1	馅心概述	1	1	
	任务4.2	咸馅制作	6	3	3
	任务4.3	甜馅制作	6	3	3
项目5	成形技艺		16	8	8
	任务5.1	成形基础技艺	8	4	4
	任务5.2	成形方法	8	4	4
项目6	成熟技艺		6	3	3
	任务6.1	成熟的作用和标准	2	1	1
	任务6.2	基本成熟法	2	1	1
	任务6.3	其他成熟法	2	1	1
项目7	筵席面点的组合与运用		2	2	
	任务7.1	筵席面点的组配要求	1	1	
	任务7.2	全席面点的设计与配置			
	任务7.3	筵席面点的美化工艺	1	1	

本次修订工作由校企合作完成，由浙江信息工程学校施胜胜主持，并负责项目1、项目2、项目7的修订，石家庄旅游学校高艳普负责项目6的修订，浙江德清职业中等专业学校邱云仙负责项目5的修订，湖南省张家界旅游学校罗晓雨负责项目4的修订，广州市旅游商务职业学校林丽华负责项目3的修订。同时感谢浙江省姚国兴大师工作室对本书编写的指导，感谢湖州凤凰餐饮集团对编写的支持与帮助，使得本书更好地体现产教融合、校企合作。

由于编者水平有限，书中难免有疏漏、不妥之处，敬请广大师生提出宝贵意见，以便使本书日臻完善。读者意见反馈信箱：zz_dzyj@ pub.hep.cn。

编者
2022 年 11 月

第一版前言

本书是根据教育部 2001 年颁布的《中等职业学校烹饪专业课程设置》中主干课程《中式面点技艺教学基本要求》，并参照有关行业的职业技能鉴定规范及中级技术工人等级考核标准编写的中等职业教育规划教材。

全书共分绪论、面点制作基础知识、面团调制技艺、制馅技艺、成形技艺、成熟技艺、宴席面点的组合与运用七章。绪论、第一章、第六章由林小岗编写，第二章、第五章由唐美雯编写，第三章、第四章由陈珺编写。主编是唐美雯、林小岗。本书图片由范强摄影，面点制品由陈珺制作。

本书共 72 学时，具体安排见下表（供参考）：

模块类别		教学内容	学时数			
			合计	讲授	实践	机动
基础模块	面点制作基础知识	面点制作的发展概况及在餐饮业中的地位和作用	2	2		
		面点的分类及各地风味流派特点	2	2		
	面团调制技艺	面团的作用和分类	2	2		
		主要面团的特性及形成原理	4	4		
		常用面团的调制方法	6	6		
	制馅技艺	馅心原料的加工处理方法	2	2		
		馅心制作技艺	6	6		
	各类成形技艺	制皮上馅技艺 各种成形手法及其适用范围	12	6	6	
	成熟技艺	成熟的意义和作用	2	2		
		各种成熟技艺	6	6		
	面点的组合与运用	面点的组合与运用及重要意义 宴席面点的配置要领	4	4		

模块类别		教学内容	学时数			
			合计	讲授	实践	机动
实践模块	和面基本技能训练	水调面团	2		2	
		膨松面团	2		2	
		油酥面团	1		1	
		米粉面团	1		1	
	制皮技能训练	擀皮	2		2	
		开酥	2		2	
	常用成形技能训练	包、捏、卷、擀、抻	4		4	
选用模块	面点装饰基本技能	选料要求	1	1		
		基本手法	2		2	
		器皿与面点的搭配	1	1		
机　动			6			6
总　计			72	44	22	6

　　参加本课程教学基本要求与教材编写提纲审定会议的有江苏省金陵旅游管理干部学校周妙林，北京 103 职业学校李刚，北京市服务管理高级技工学校王月智，山东省饮食服务学校王振才，西安旅游职业中专张怀玉，上海市饮食服务学校夏庆荣，济南第三职业中专孙一蔚，长春市商业技工学校马福林，西安市服务学校庄永全，西安市服务学校樊建国，四川省商业服务学校郑存平，北京古城旅游服务职业高中于梁洪，广州市旅游职业中学蒋建基。

　　本书编写过程中，参考了高等教育出版社出版的教育部规划教材《面点制作技术》，以及中国商业出版社出版的《面点制作工艺》教材，并得到上海市徐汇职业高级中学、广西桂林商业技工学校的领导和教师的大力支持和帮助，在此一并表示感谢。

　　本书由全国中等职业教育审定委员会审定，哈尔滨商业大学杨铭铎教授担任主审，杨铭铎和烟台商业学校高级技师王吉林审阅了此稿，在此表示衷心感谢。

　　本书既适合三年制中等职业学校烹饪专业学生使用，也可供饮食行业在职人员及烹饪、面点爱好者学习参考。由于水平有限，加之时间仓促，书中难免存在缺点和错误，敬请广大读者指正。

编　者

2002 年 8 月

目　　录

微视频资源一览表

项目1　走进"中式面点技艺"课程

项目描述

中式面点在漫长的历史发展中，形成了自己独特的内涵和绚丽多彩的文化。本项目为学习中式面点的开篇，将详细介绍面点的概念、发展、分类、流派。通过学习，同学们应熟悉并掌握面点的分类和基本特点。

学习目标

- 了解并掌握面点的概念及其在餐饮业中的地位和作用。
- 熟悉我国面点的发展及主要风味流派。
- 掌握面点的分类和基本特点。

中国烹饪技术历史悠久，技艺精湛，并具有丰富的文化内涵。它主要包括两大部分，即菜肴制作技术和面点制作技术。中式面点是中国烹饪的重要组成部分。经过长期的发展，历代面点师在不断实践和广泛交流中，创制了口味醇美、工艺精湛的各种面点。这些面点丰富了人们的生活，在国内外享有美誉。随着社会发展，人们生活水平不断提高，面点在人们日常生活中越来越重要，人们在继承和挖掘整理传统面点的基础上，不断融入新的原料、新的技术，逐渐使面点制作工艺理论化、科学化、系统化，并使其成为一门专业技术。

任务 1.1　中式面点概述

一、中式面点的概念

面点是"面食"和"点心"的总称。中式面点泛指我国以麦面、米粉（粉面和米面）等为主要原料、以手工为主制作的食品，它是中国烹饪的重要组成部分。中式面点素以历史悠久、制作精致、品类丰富、风味多样著称于世。为叙述方便，本书以下所称"面点"均指"中式面点"。

中式面点在制作中所用的原材料相当广泛，而且对原材料的利用也十分巧妙、合理，除粮食类原料外，还广泛使用鱼、虾、畜禽肉、蛋、乳、蔬菜、果品等作为原料或辅料，从而使面点制品丰富多样。

中式面点在饮食形式上多种多样，它既可作为主食，又可作为调剂口味的补充食品，如糕、团、酥、包、饺、面、粉、粥、粽、饼。在人们的饮食中，面点有作为正餐的米面主食，有作为早餐的粥、饼等，还有作为筵席配置的点心，作为旅游和调剂饮食的糕点、小吃，以及作为喜庆、节日礼物的礼品点心等。

所以说，面点是以各种粮食、鱼、虾、禽畜肉、蛋、乳、蔬菜、果品为原料，配以多种调味品，经加工制成的色、香、味、形、质、营养俱佳的面食、点心和小吃。

二、中式面点的地位和作用

（一）面点制作是我国餐饮业的重要组成部分

目前，中式烹饪在生产经营上主要包括两个方面的内容，一是菜肴烹调，行业俗称"红案"；二是面点制作，行业俗称"白案"。"红案"和"白案"既有区别，又密切联系、相互配合，形成餐饮业的整体。特别是正餐的主、副食结合和筵席上菜点的配套，都体现了我国传统饮食文化的丰富内涵和整体配套性。面点除了与菜肴烹调密切配合外，还具有相对的独立性，它可以离开菜肴烹调而独立经营，如专门经营面点的面食馆、包子店、饺子馆和烧卖店，以及茶肆经营的早茶点心、专做点心的饼屋。

（二）面点是国人生活中不可缺少的营养、便利的食品

面点具有较高的营养价值，而且应时适口，价廉物美，食用方便。如清晨的早点、午间

的茶点、晚间的夜宵，以及用于日常充饥和作为旅游食品的糕饼、点心。因此，面点不仅是人们饮食的点缀，而且是人们生活中不可缺少的重要食品。随着社会的发展、生活节奏的加快，面点更显示出其方便、快捷的优越性。

（三）面点是丰富国人生活的节庆消费品

面点不仅可作为主食、早点或与菜肴配套为筵席增色，还可作为喜庆佳节馈赠亲友的礼品。许多面点、小吃还与民间传说有关，如新春的年糕、元宵节的汤圆、清明节的青团、端午节的粽子、中秋节的月饼、重阳节的重阳糕。可见，面点不仅丰富了人们的饮食内容，而且丰富了人们的精神生活。

综上所述，面点不仅在餐饮业中占有重要的地位，而且对丰富人民生活、活跃市场、促进经济发展起着重要作用。

三、"中式面点技艺" 的课程性质和学习内容

中式面点技艺是烹饪类专业的核心专业课。它涉及生物、化学、物理、食品微生物、营养学和美学等多门学科的基础知识。

"中式面点技艺" 课程的学习内容包括：

（1）原材料在面点制作中所体现的性质和作用；原材料的选择与运用。

（2）面团的调制原理和调制方法，以及典型的面点品种。

（3）馅心的类型和调制方法。

（4）面点的成形手法及其相应的品种。

（5）面点的成熟方法及其基本原理。

（6）筵席面点的装饰、组合和运用。

在 "中式面点技艺" 课程的学习中，要理论联系实际，一方面用掌握的理论知识去解释或指导生产中遇到的实际问题；另一方面通过实践加深对理论的理解。在继承、发扬传统面点技艺的同时，应注意新原料、新工艺、新设备的运用，这样才能更好地掌握面点技艺。

任务 1.2 中式面点制作的历史及其发展方向

一、中式面点制作的历史

中式面点制作历史悠久。商代及以前的面食比较简单，主要有用熬熟的谷物捣成的粉末

状的糗①。春秋战国时期，由于物质条件的具备，出现了饼，并出现了不少饼的品种，主要有：① 饵②。一种蒸制的糕，也有人说是饼。② 蜜饵。饵的一种，楚辞《招魂》："粔籹③蜜饵，有怅惶④些。"当时有面粉，又有蜜，所以楚地出现了这种甜点。③ 饦。一种饼，也有人认为类似糕，也是用稻米或黍米粉做成。④ 酏食。一种饼。据《周礼·醢人》郑司农注："酏食，以酒酏为饼。"又据唐代贾公彦疏："以酒酏为饼，若今起胶饼。""胶"又写作"教"，通"酵"，则酏食可能是中国最早的发酵饼。⑤ 糁食。简称糁，周代宫廷食品。据《周礼》郑注，糁为一种稻米粉加牛、羊、猪肉丁制成的油煎饼。⑥ 粔籹。类似后代馓子的环形油炸食品。

汉代是面点的早期发展阶段。随着石磨的广泛使用、发酵等面点制作技艺的提高，面点的品种迅速增加，并在民间普及。据文献记载，汉代面点品种已相当多了。汉末刘熙《释名·释饮食》中更记道："饼，并也。溲面使合并也。胡饼作之大漫沍也，亦言以胡麻著上也。蒸饼、汤饼、蝎饼、髓饼、金饼、索饼之属，皆随形而名之也。"其中，胡饼为炉烤的芝麻烧饼，也有人认为是从胡地传入的饼。

魏晋南北朝时期是面点的重要发展阶段，面点制作技术迅速提高，主要表现为：① 面粉、米粉的加工更为精细。晋代束晳《饼赋》说："重罗之面，尘飞雪白。"② 发酵方法的形成及普遍使用。北魏贾思勰所著《齐民要术》中有："起面也，发酵使面轻浮起，炊之为饼。"面点的发酵方法萌芽于先秦、秦汉，至魏晋南北朝时期已经普遍使用并总结成文字。当时已在黄河中下游及江南广泛使用，馒头、白饼、烧饼、面起饼都要用发酵面。这说明在2 000年前，我国已能利用发酵技术。③ 出现了蒸笼等炊具。《饼赋》中记有蒸笼，并说在蒸面食时，要"火盛汤涌，猛气蒸作"这样就可以蒸出暄和的面点来。④ 出现了模具等面点成形器具。据记载，当时有贲字五色饼法，是刻木模成禽兽形，然后按入面粉而成。另据记载，还出现了馄饨、春饼、煎饼。

隋唐五代时期，面点制作技术进一步提高，出现了一些新品种，如玉尖面（熊肉、鹿肉做馅心制作的类似馒头的面点）。随着中外文化交流，不少胡食西来，部分中式面点东传，从而构成中外面点制作技术交流的一页。

到了唐代，由于社会生产力的发展，面点已成为商品，长安出现了专业作坊和"饼师"。由于面点制作的专业化，面点制作技术有了很大的发展，做出的面点已达到"饼可映字，面可穿带"的水平。唐代诗人白居易诗曰："胡麻饼样学京都，面脆油香新出炉。"十分形象地描述了当时胡麻饼新出炉时面脆油香之情景。

---

① 糗（qiǔ）——古代指干粮。

② 饵（ěr）——古代指糕饼。

③ 粔籹（jù nǚ）——古代一种环形的饼。

④ 怅惶（zhāng huáng）——古代一种干的饴糖。

宋元时期是面点制作全面发展的阶段，面点制作技术迅速提高，新品种大量涌现，市肆面点、少数民族面点、食疗面点尤为突出；早期面点流派业已产生，有关面点的著作也更加丰富。宋代文人吴曾在《能改斋漫录》中说："世俗例，以早晨小食为点心，自唐时已有此说。"可见到了宋代，设有"茶肆"后，面点的花色品种更多。这一时期面点制作技术的提高主要表现为：① 面团制作多样化。发酵技术在面团制作中已普遍使用，在酵汁、酒酵发面以外，酵面发酵法已流行，并出现兑碱酵子发面法，油酥面团的制法也趋于成熟。宋《浦江吴氏中馈录》中记载，酥饼即是用油酥、蜜、白面调和后制成。此外，用冷水和面做卷煎饼，用开水烫面做饺子皮、包子皮也经常使用；还出现了用绿豆粉做皮、鸡蛋煎饼包馅制兜子、金银卷煎饼的做法。② 馅心制作多样化。这一时期的包子、兜子、馄饨等面点的馅心异常丰富，动植物原料均使用。③ 浇头制作多样化。面条、馎饦①等食品不宜有馅，但可以加浇头。这一时期面条的浇头荤素并用，多达数十种。④ 成形方法多样化。这一时期面点成形方法发展较快，面条可以擀切成条，也可以拉抻成宽长条；拨鱼可以用汤匙拨入沸水锅中以成"鱼"形；河漏可用木床（特制有漏孔的器具）压成细条入锅；油酥点可以用模子压成形，然后油炸；馒头可以捏成形，也可以用剪刀在外皮上剪出花样，称为剪花馒头；兜子还可以将馅心放在垫有粉皮的盏中先蒸熟，然后再倒入碟中成为一团；至于寿桃、寿龟、卷煎饼、骆驼蹄、梅花饼、花色点心等更用多种方法成形。⑤ 成熟方法多样化。这一时期面点的成熟方法已有蒸、煮、煎、炸、烤、烙、炒等。这是和炒锅、煎盘、鳌、蒸笼、烤炉的发展分不开的。

明清时期，在原有的基础上，面点制作技术迈向新的高度，南北交流、民族交流，使面点的品种更加丰富多彩。中式面点中的重要品种基本都出现，各面点风味流派基本形成，面点在饮食中的地位更加突出，面点的有关著作也越加丰富。随着中外文化交流，西式面点传入中国，中国的面点也大量传到国外。在这一时期的面点制作技术继续提高，主要表现在：① 面粉加工更为精细。山东的飞面、江南的糯米粉（糯米水磨后，入袋吊干、晒干而成）已经常使用。② 发酵法、油酥面皮制法更趋完善。据《随园食单》记载，扬州制作的小馒头"如胡桃大""手捺之不盈半寸，放松仍隆然而高"。原因在于"扬州发酵最佳"。而"刘方伯月饼"由于"用山东飞面作酥为皮"，故"香松柔腻，迥异寻常"。③ 面点成形方法更加多样。擀、切、搓、抻、包、裹、捏、卷、模压、削各显其妙。如在明代《宋氏养生部》中，已出现缠在手指上的抻面，到清代，抻面已能拉出三棱形、中空的，以及细如线的许多品种了；刀削面在清代已很有名，模压法在此时更为流行，如杭州制作的金团，就是把调好的米粉用"桃、杏、元宝之状"的木模压成的；擀、卷等技法也有发展，苏州的襄衣饼就是经多次擀、卷后烙熟而成，极酥松，至于山东、陕西等地"薄如蝉翼"的薄饼，扬州等

---

① 馎饦（bó tuō）——古代一种水煮的面食，类似面片汤。

地的千层馒头，无一不和精湛的面点技艺有关。④ 馅心制作变化多端，荤、素、咸、甜、酸、辣均有，花卉也用以作馅，还出现使肉汁冷凝以做汤包的方法。⑤ 面点成熟方法较前代也有所发展。主要表现在多种方法的综合使用上，如有的面条要先煮熟后过水晾干，再经油炸，入高汤微煨而食；有的饼要先烙后蒸，这样就产生了不同的风味。

清代距今时间不太久远，许多面点制作技术得以继承下来。如京式的龙须抻面、"都一处"烧卖、天津狗不理包子、京八件、豌豆黄、萨其马；苏式的三丁包子、翡翠烧卖、淮安汤包、千层油糕、花色船点；广式的娥姐粉果、佛山盲公饼、油煎堆等。清代还出现了以面点为主的筵席。传说清嘉庆年间的"光禄寺"做的一桌面点筵席，用面量竟达 60 kg，可见其品种之多、内容之丰富、规模之盛大。1840 年鸦片战争以后，西方的点心制作技术大量传入我国，对中式面点制作技术产生了较大影响，特别是沿海地区，中西合璧，给传统的面点技术增添了新的原料、新的技术。我们把这一时期称为中式面点制作的繁盛时期。

中华人民共和国成立后，在党和政府的关怀下，各地面点师在继承传统技艺的基础上，对面点制作技术不断地总结、交流与创新，新的面点原料、制作设备不断开发，完全的手工操作正在被半机械化、半自动化生产方式所取代。各地的产品特色也得到广泛交流，长期形成的南北方不同的饮食习惯相互融合，南点北传、北点南移，极大地丰富了面点品种，出现了大批南北风味结合、中西风味结合、古今风味结合的面点。

二、中式面点制作的发展方向

面点与人们的生活息息相关，它是餐饮业的一个重要组成部分，具有投资少、见效快的特点，对餐饮业的发展起着积极的促进作用。由于历史的原因，中式面点制作工艺缺乏科学的指导，因而在制作工艺、经营方式、营养安全等方面离市场经济的要求还有一定的距离。为此，要积极开展面点制作工艺的理论研究工作，力求科学地阐释名特面点的制作原理、制作工艺，勇于实践，大胆创新，弘扬劳动精神、奋斗精神、奉献精神、创造精神，把中式面点制作这一传统技艺提高到一个新的水平。

（一）继承和发掘，推陈出新

我国是历史悠久的文明古国，有深厚的饮食文化积淀。我国面点制作技艺精湛，享誉世界，认真、全面、系统地整理和发掘传统的面点制作技艺是十分必要的。继承和发扬传统的面点制作技艺，是弘扬和发展中式面点的基础。

（二）加强科技创新，提高科技含量

开发新的原料，不但能满足面点品种在工艺上的要求，而且还能提高产品的质量。如各种类型的面粉满足了不同面点品种面团筋性的需要；面包改良剂、蛋糕油、植物性奶油等新型原材料，使面点从口味上、口感上都有很大的提高。

新的技术，包括新配方、新工艺流程，不但能提高工作效率，而且增加了新的面点品种。

新设备的使用，不但可以改善工作环境，使人们从传统的手工制作中解放出来，而且有利于批量生产，使产品质量更加标准化，口味规范、统一。

（三）注重营养搭配

随着人们生活水平的不断提高，饮食上不只要吃饱，而且要吃好，更要讲究营养素的合理摄入。应该说，我们的祖先很注重营养素的搭配，如两千多年前的《黄帝内经》中"五谷为养，五果为助，五畜为益，五菜为充"就科学地阐述了膳食中的营养均衡和搭配。但今天仍有一些传统面点重糖、重油，营养成分过于单一，需在用料上、工艺上加以改进，以达到合理摄入营养素的要求。

（四）突出方便、快捷、美观、卫生

社会经济的发展，生活节奏的加快，导致人们的饮食习惯发生了变化。面点的发展要适应市场，突出方便、快捷、美观、卫生。面点制作必须走标准化的道路，使产品符合营养、方便、快捷、新鲜、卫生、形态美、味道佳的要求。

任务1.3　中式面点的主要风味流派

中式面点制作技术经过长期的发展，以及历代面点师的不断总结、实践和广泛交流，已创造出许多口味醇美、工艺精湛、色形俱佳的面点制品，在国内外享有很高的声誉。我国幅员辽阔、资源丰富，加上受各地气候、地理环境、物产、民俗、人文特点等诸方面因素的影响，面点制品不仅种类繁多，而且具有浓郁的地方特色。从全国看，面点制品在选料、口味、制作工艺上，大体形成了京式、苏式、广式、川式等地方风味流派。

一、京式面点

京式面点泛指黄河流域及黄河以北的大部分地区所制作的面点，以北京为代表，故称京式面点。

北京曾为金、元、明、清的都城，具有悠久的历史和古老的文化。京式面点博采各地面点制作之精华，特别是清宫仿膳面点集天下精湛技艺于一身，花式繁多，造型精美，极富传

统民族特色。京式面点师特别擅长制作面食，并有独到之处。如被称为中国面食绝技的"四大面食"——抻面、刀削面、小刀面、拨鱼面，均以其独特的技能、风味享誉国内外。

京式面点的坯料以面粉、杂粮为主，皮坯质感较硬实、筋道。馅心口味甜咸分明，味较浓厚。甜馅以杂粮制茸泥为主，喜用蜜饯制馅或点缀；咸馅多用肉馅或菜肉馅，肉馅多采用"水打馅"制法，咸鲜适口，卤汁多，喜用葱、姜、酱、小磨芝麻油等作调辅料。

京式面点中富有代表性的品种有龙须面、银丝卷、三杖饼、一品烧饼、麻酱烧饼、"都一处"烧卖、天津狗不理包子、酥盒子、莲花酥、萨其马、豌豆黄、芸豆卷、艾窝窝等。

二、苏式面点

苏式面点泛指长江中下游江、浙、沪一带所制作的面点，以江苏为代表，故称苏式面点。

江浙一带是我国著名的鱼米之乡，物产丰富，为制作多种多样的面点提供了良好的物质条件。苏式面点包括宁、沪、苏州、淮扬、杭州等风味流派，各自又有不同的特色。

苏式面点的坯料以米、面为主，皮坯形式多样，除了水调面团、发酵面团、油酥面团外，还擅长米粉面团的调制，如各式糕团、花式船点。馅心用料广泛，选料讲究，口味浓醇、偏甜，色泽较深。肉馅中喜掺皮冻，成熟后鲜美多汁；甜馅多用果仁蜜饯。苏式面点大多皮薄馅多、滑嫩有汁，注重形态，工艺细腻。

苏式面点中富有代表性的品种有扬州的三丁包子、翡翠烧卖、千层油糕，淮安的文楼汤包、黄桥烧饼，苏州的糕团、花式船点、苏式月饼，上海的南翔小笼包、生煎馒头，杭州的小笼包，宁波的汤圆，以及各式酥点等。

三、广式面点

广式面点泛指珠江流域及南部沿海地区所制作的面点，以广东为代表，故称广式面点。

广东地处我国南方，气候温和，物产极为丰富。传统的广式面点以米制品为主，如糯米鸡、粉果、年糕、油煎堆、伦教糕。后又吸取各地面点制作之精华，借鉴西式点心的制作技艺，兼收并蓄，创制了风味独特的面点，如蚝油叉烧包、干蒸烧卖、奶黄包、鲜奶鸡蛋挞。长期以来，广东一带养成了"饮茶食点"的习惯，各酒楼、茶肆推出"星期美点"，使广式面点品种日益繁多，极富南国特色。

广式面点用料广泛，皮坯质感多变，除米、面外，还利用荸荠（马蹄）、芋头、甘薯、南瓜、马铃薯等原料制坯。馅心味道清淡、原汁原味、滑嫩多汁，讲究花色、口味的变化。

广式面点中富有代表性的品种有笋尖鲜虾饺、蚝油叉烧包、娥姐粉果、鸡油马拉糕、生磨马蹄糕、伦教糕、糯米鸡、沙河粉、卷肠粉、佛山盲公饼、南乳鸡仔饼、老婆饼、莲蓉甘露酥、咸水角、蕉叶粑、蜂巢荔芋角、广式月饼、鲜奶鸡蛋挞等。

四、川式面点

川式面点泛指长江中上游以及西南一带地区所制作的面点，以四川为代表，故称川式面点。

四川素称"天府之国"，气候温和，物产丰富，巴山蜀水，人杰地灵，给四川小吃、面点的形成和发展奠定了良好的基础。四川传统的面点以地方小吃为主，不少品种风味独特、久负盛名、世代相传。

川式面点历史悠久、用料广泛、制作精细、口味多样，擅长米粉制品的制作。富有代表性的品种有赖汤圆、龙抄手、担担面、黄凉粉、钟水饺、叶儿粑、白蜂糕、波丝油糕、合川桃片等。

以上四大面点流派都具有鲜明的特点，品种多样、内容丰富，汇集了中式面点制作技术的精华，成为中式面点技艺的核心。但我国地大物博，地理环境、民族习惯差异较大，除以上介绍的以外，还有许多富有地方特色、民族特色的面点。同时，随着交通、信息、科技的发展，帮式流派的格局已逐渐被打破，各地面点博采众长、不断创新，形成了中式面点制作技术的新局面。

任务 1.4　中式面点的分类及其制作特点

一、中式面点的分类

中式面点因地区差异较大，品种繁多，花色复杂，分类方法较多，归纳起来主要有以下五种分类方法。

（一）按原料类别分类

按面点所采用的主要原料来分类，一般可分为麦类面粉制品，如包子、馒头、饺子、油条、面包；米类及米粉制品，如八宝饭、汤圆、年糕、松糕；豆类及豆粉制品，如绿豆糕、芸豆卷、豌豆黄；杂粮和淀粉类制品，如小窝头、黄米炸糕、玉米煎饼、马蹄糕；其他原料制品，如荔芋角、南瓜饼。由于制作面点的原料十分广泛，原辅料相互配用，所以按原料分类有一定的局限性。

（二）按面团性质分类

按面点所采用面团的性质来分类，一般可分为水调面团（冷水面团、温水面团、热水面团）、膨松面团（生物膨松面团、化学膨松面团、物理膨松面团）、油酥面团（层酥面团、松酥面团）、米粉面团（糕类粉团、团类粉团）和其他面团。这种分类法对学习和研究面点皮坯形成原理很有帮助，在教学上常运用此分类法。

（三）按成熟方法分类

按面点所采用的成熟方法来分类，一般可分为煮、蒸、煎、炸、烤、烙、炒等。这种分类方法常用于教学及面点实例的归类，与面团性质的分类结合，能较系统地对面点进行分类。

（四）按形态分类

这种分类是按照人们习惯的各种面点的基本形状进行划分的，也可称为商品分类法。一般可分为糕、饼、团、酥、包、饺、粽、粉、面、粥、烧卖、馄饨等。

（五）按口味分类

按口味一般可将面点分为甜味、咸味、复合味三种。这种分类方法对筵席面点、茶点的配置具有重要意义。

二、中式面点制作的基本特点

（一）用料广泛，选料精细

我国地大物博，地方风味突出，制作面点的原材料极为丰富，包括植物性原料（粮食、蔬菜、果品等）、动物性原料（鱼、虾、畜禽肉、蛋、乳等）、微生物原料（酵母、面种等）、矿物性原料（食用矾、碱、盐等）、人工合成原料（膨松剂、乳化剂、凝胶剂、香料、食用色素等）。在使用常规原材料的同时，各地的面点制作都应充分利用本地的原料资源，开发新的面点品种。

在用料广泛的基础上，要注重原料的选择。有经验的面点师都非常注重原料的选择，只有原料选择得好，配料得当，才能制作出高质量的面点。原料的选择首先要了解原料的特性，其次要了解原料的品种和加工处理方法。如抻面需选用筋性强的面粉，制作汤圆应选用质地细腻的水磨糯米粉，制作蜂巢荔芋角应选用质地松粉的荔浦芋头，否则不易达到产品的质量要求。

（二）讲究馅心，注重口味

中式面点有别于西式面点的一个特点就是馅心的口味、种类特别丰富，各方有各方的味道，各地有各地的特色。如京式面点的馅心注重咸鲜浓厚，苏式面点的馅心口味浓醇、卤多味美，广式面点的馅心则口味清淡、滑嫩鲜爽。

中式面点在制作馅心时，融入了中式烹调技术的内容，加入多种调味料，口味、口感多样。如生菜馅鲜嫩爽口、色泽鲜明；生荤馅滑嫩、鲜香有汁；熟咸馅有干有湿、荤素搭配；甜馅中的泥蓉馅细滑、沙松、香甜；果仁馅松爽香甜，带有各种果料风味。许多面点均是以馅心用料讲究、制作精细、口味独特而闻名的。例如，苏式的淮安汤包、三丁包子，广式的蚝油叉烧包、莲蓉月饼，京式的天津狗不理包子、"都一处"烧卖。所以，掌握好馅心的调制是中式面点制作技术的关键。

（三）成形技法多样，造型美观

中式面点花样繁多，与制作技法多样是分不开的。面点和菜肴一样，都要求色、香、味、形、质俱佳，而面点的形态美观更为重要。归纳起来，面点大致有 17 种成形技法，即搓、包、卷、捏、抻、切、削、拨、叠、摊、擀、按、钳花、模具、镶嵌、滚沾、挤注。面点成形是面点制作中一项技术要求高、艺术性强的重要工序，通过形态的变化，不仅丰富了面点的花色品种，而且体现了面点的特色，如龙须面、船点等面点，就是以独特的成形技法而享誉海内外。面点成形技法是面点制作的基本功，只有经常练习，才能做到手法灵巧、轻松自如、造型美观。

（四）成熟方法多样

在面点的多数品种中，成熟是最后一道工序，也是十分关键的一道工序。它涉及制品的形态、色泽、风味特色。成熟也是相当复杂、较难掌握的一道工序，行业中有"三分做功，七分火功"的说法，说明了成熟工艺在面点制作中的重要性。面点主要用煮、蒸、煎、炸、烤、烙、炒等单一的加热成熟方法。但有的面点制品需要两种或两种以上的成熟方法，如先蒸后煎、先煮后炸。不论是单一成熟法还是复合成熟法，都要求制作者了解成熟工艺与面团性质、制品特点的关系，正确掌握成熟过程中的技术要领，才能制出形态完整、具有风味特色的面点。

包子的沿革

包子是中国主食食品之一，有时也作点心、小吃。江苏、上海一带有的地方又称馒头。其主要以膨松面团作皮，包入馅料熟制而成。包子南北有别，馅料变化多端，有荤、素、甜、咸之分，品种依地域不同而异。

北宋陶谷所著《清异录》中记，五代时京都汴梁的食肆售四时节食，伏日出售的为"绿荷包子"。北宋蔡京太师府内，做包子的女厨分工精细，有专切葱丝者。宋代包子已成为市肆名食，北宋汴京城内名品有王楼山洞梅花包子、鹿家包子等；南宋临安的饮食市场上，包子品种颇多，《梦粱录》有"包子酒店"专卖灌浆馒头、虾肉包子等，说明此时已有"灌汤（浆）包子"了。《武林旧事》中"蒸作从食"列有大包子和诸色包子。元代忽思慧《饮膳正要》"聚珍异馔"中，有天花包子，系用羊肉、羊脂、羊尾、葱、陈皮、生姜各切细丝，天花（即平菇）用沸水烫熟，洗净切丝，加盐、酱拌馅，白面作薄皮，蒸而制得。将此法的馅心更换为蟹黄即为蟹黄包子；更换为藤花则为藤花包子。明清时代，包子品种更多。如北方民间有个大馅多的各式荤、素包子，已成为主食。清代乾嘉年间扬州有灌汤肉包，天津有狗不理包子，南方有小笼汤包。南方包子制作精细，个小馅大，以小笼蒸制，原笼上桌别有一番风味。如今，包子已成为各地小吃食品。馅料不同，形式繁多，荤者有鱼、虾、蟹、牛羊猪肉，素者有全素、半素、什锦素包，甜者有糖包、水晶包、豆沙包等。

项目小结

本项目我们主要了解中式面点的基本概念，以及面点在社会经济和人们日常生活中的地位和作用。通过了解中式面点制作历史概况，我们认识到面点是中国烹饪这一灿烂文化遗产的重要组成部分，有源远流长的历史、精湛的技艺、丰富的内涵。本项目要求熟悉并掌握中式面点的主要风味流派、分类方法和制作特点。

练习与拓展

一、填空题

1. 面点是_____和_____的总称,在行业中称"_____"。

2. 我国面点的主要风味流派有_____、_____、_____和_____。

3. 我国面点制作的基本特点是_____。

4. 面点的分类有_____、_____、_____和_____等方法。

5. 被誉为我国面食绝技的"四大面点"是_____、_____、_____和_____。

6. 按口味一般可将面点分为_____、_____、_____三种。

7. 京式面点的坯料以_____、_____为主,皮坯_____。

8. 春秋战国时期饼的名称有_____、_____、_____、_____、_____。

9. _____是最后一道工序,也是十分关键的一道序。

10. 京式面点的馅多用肉馅或菜肉馅,肉馅多采用"_____"制法。

二、选择题

1. 被称为我国面点制作的独特技术的是（　　　）。

A. 抻　　　　　　　B. 削　　　　　　　C. 切　　　　　　　D. 卷

2. 口味偏甜的是（　　　）。

A. 广式面点　　　　B. 京式面点　　　　C. 苏式面点　　　　D. 川式面点

3. 传统的（　　　）以米制品居多。

A. 广式面点　　　　B. 京式面点　　　　C. 苏式面点　　　　D. 川式面点

4. 船点是属于（　　　）。

A. 广式面点　　　　B. 京式面点　　　　C. 苏式面点　　　　D. 川式面点

5. 以下品种是广式点心的是（　　　）。

A. 娥姐粉果　　　　B. 刀削面　　　　　C. 笋尖鲜虾饺　　　D. 三丁包子

6. 以下品种中是京式面点的是（　　　）。

A. 担担面　　　　　B. 刀削面　　　　　C. 拨鱼面　　　　　D. 热干面

7. 在面点制作中著名流派有（　　　）。

A. 广式流派   B. 闽式流派   C. 鲁式流派   D. 湘式流派

8. 广式点心的代表品种是（   ）。

A. 蚝油叉烧包   B. 薄皮鲜虾饺   C. 狗不理包子   D. 翡翠烧卖

9. 下列（   ）不是面点分类的方法。

A. 原料   B. 口味   C. 形态   D. 地方风味

10. 苏式点心的代表品种是（   ）。

A. 蚝油叉烧包   B. 三丁包子   C. 三杖饼   D. 一品烧卖

三、判断题

（   ）1. 广式面点最擅长制作面食制品。

（   ）2. 川式面点是以小吃为主的帮式面点。

（   ）3. 苏式面点是中西式结合的产物。

（   ）4. 苏式面点包括宁、沪、苏州、淮扬、杭宁等风味流派的面点。

（   ）5. 抻、切、削、拨是我国面食制作的四大独特技术。

（   ）6. "都一处"烧卖是苏式面点的代表性品种。

（   ）7. 伦教糕是以地名命名的品种。

（   ）8. 粽子被称为我国最早的方便食品。

（   ）9. 我国在汉代就能利用发酵技术制作面点。

（   ）10. 在面点的多数品种中，成熟是最后一道工序。

四、思考题

1. "中式面点技艺"课程学习的内容有哪些？

2. 面点的分类有哪些？四大风味流派的代表品种有哪些？

3. 面点的地位和作用在人们日常生活中体现在哪些方面？

4. 我国面点发展过程是怎样的，你认为现今应如何发展？

五、案例分析

小贾擅长京式面点的制作，对广式点心只是一般性的了解，小贾的大伯在广州新开了一家酒楼，于是请她来主持茶市点心的工作。到广州后她很努力，开发出的品种也很多。但顾客们吃后却纷纷反映这不是正宗的茶市点心，只是"京味"十足。最后出现了"门前冷落鞍马稀"的经营局面，其大伯不得不另请高明。请你分析其中的原因。

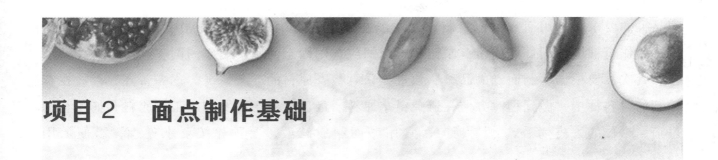

项目2　面点制作基础

项目描述

　　掌握面点制作的基本技术是保证成品质量的关键。本项目主要介绍面点制作常用的原料及其性质、面点制作的工艺流程，帮助同学们熟悉面点制作的设备与工具。

学习目标

- 了解面点制作的工艺流程。
- 熟悉制作面点常用的原辅料性质及其在面点制作中的作用。
- 熟悉和掌握制作面点的设备与工具。

任务 2.1　面点制作工艺流程

　　面点制作有一套完整的制作程序，只有熟悉和掌握每道工序，才能制作出符合要求的面点。面点制作的操作程序包括原料的准备、工具的准备、面团的调制、馅心的调制、成形的准备、成形、成熟等工序。

一、原料的准备

　　原料的准备要求制作者首先要熟悉所采用原材料的性质、特点和使用范围，根据面点不同品种的要求，选用适宜的原材料，使成品在质量上得到保证。如制作面包应选用高筋面粉，制作蛋糕应选用低筋面粉，制作起酥面团应选用固态油脂，制作汤圆应选用水磨粳糯米粉。其次，要根据所制面点的品种、数量，认真检查原料的准备情况，逐一备齐，存放在有标签的原料桶中，做到用时方便，避免错拿原料。最后，对于需要初加工的原料，如粉料的过筛，果仁的去皮烤香，预制糖浆，食用碱面制成碱液，要预先按要求处理，以便随用随取。

二、工具的准备

许多面点的成形，需要借助各种工具。在面点制作前，应准备好所需的工具、设备，这样在操作时才能得心应手。工具的准备要求制作者熟悉各种工具的性能和使用范围，根据所制面点品种的需要，把所需的工具准备齐全，做到随用随有，以保证面点制作的顺利进行。制作者一方面要检查各种工具、设备的状况，操作、运转是否正常；另一方面要查看工具、设备的卫生状况，是否符合卫生要求。

三、面团的调制

面团的调制是将主料与辅料等配料，采用工艺手段调制成面团，使之适合制作面点的过程。由于各种面团的用料不同，面团的性质也不同。调制时，只有根据面团的特性进行调制，运用不同的技术动作，面团才能符合下一步制作的要求。

对大部分面团而言，面团的调制包括和面和揉面两个部分。和面是指将粉料与水或其他辅料掺和调匀成面团的过程。它是整个面点制作技能中的最初工序，也是一个重要环节。和面的手法主要分为抄拌法、调和法、搅和法三种。不论采用哪种方法，在和面过程中都应根据制品的要求，准确地掌握干湿度。

揉面就是将面团揉透、揉匀、揉光，使其达到下一步操作的要求。揉面可使面团的原辅料进一步均匀，使面团达到增筋、柔润、光滑的要求。根据不同面团的特性，揉面的手法主要有揉制法（图 2-1）、捣制法（图 2-2）、叠制法（图 2-3）、擦制法（图 2-4）、摔制法（图 2-5）。要求筋性强的面团，可采用揉制法和捣制法；要求筋性弱的面团，可采用叠制法；油酥面团则通常采用擦制法。

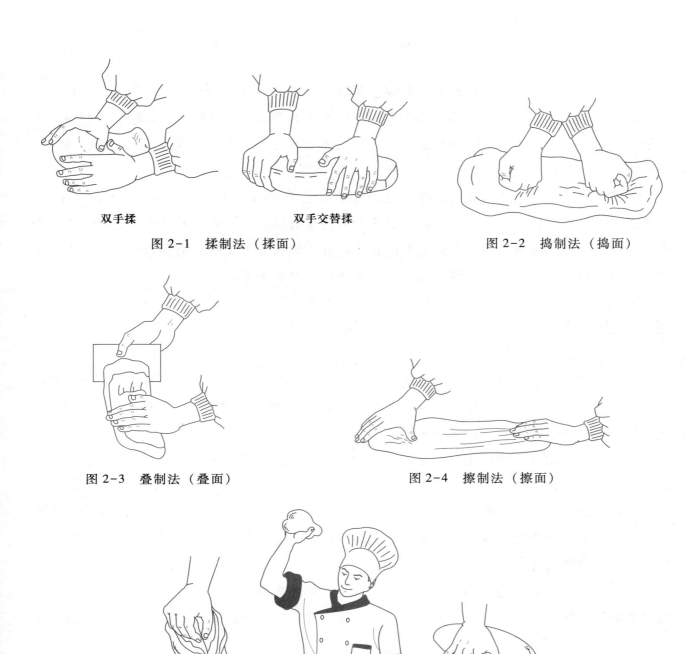

双手揉　　　　　　双手交替揉

图 2-1　揉制法（揉面）

图 2-2　捣制法（捣面）

图 2-3　叠制法（叠面）

图 2-4　擦制法（擦面）

(a)　　　　　　(b)　　　　　　(c)

图 2-5　摔制法（摔面）

四、成形的准备

成形的准备包括搓条、下剂、制皮等操作过程。

搓条，是把面块推搓成便于下剂的圆柱形长条的操作过程。搓条时要求双手用力均匀，轻重有度。条子的粗细，根据剂子的大小而定。搓出的条子应粗细均匀，光滑圆整，无裂纹，不起毛。

下剂，是将搓好的面条子按制品的规格要求，分成大小一致的面剂。剂子的大小是否一致，是关系成品的分量是否准确、形态大小是否美观的关键。根据面团的特性，下剂的方法有揪剂法、切剂法、掐剂法、挖剂法等。不论采用哪种方法，都要求剂子大小一致，圆整、无毛刺，利于制皮、包馅、成形。

制皮，是将坯剂制成面皮的过程。凡是需要包馅成形的品种，几乎都有制皮这一工序。由于面团的性质不同、制品要求不同，制皮的方法也有所不同。常用的制皮方法有按皮、擀皮、压皮、捏皮、摊皮、敲皮等，它们的技术动作差别很大。无论采用哪种方法，制出的皮要求平展、厚薄均匀、大小一致、圆整，符合包馅成形的要求。

五、上馅、成形

上馅，就是把馅料放于制好的面皮上包入馅心的过程。上馅技术往往与成形技术连贯在一起，上馅的好坏将影响到制品的成形。根据不同面点的形状要求，上馅的方法有包上法、拢上法、夹上法、卷上法、滚沾法等。

成形即是用调制好的面团、馅心，按照面点的要求，运用各种方法制成多种形状的生坯的过程。

面点的成形是面点制作工艺中技术要求高、艺术性强的一项重要工序。其通过形态的变化，丰富了面点的花色品种，并体现了面点的特色。如龙须面、船点，就是凭借其独特的成形手法而享誉海内外。

我国面点的形态丰富多彩、千姿百态，这与其多种多样的成形手法是分不开的。成形手法归纳起来有搓、包、卷、捏、抻、切、削、拨、叠、摊、擀、按、钳花、滚沾、镶嵌、挤注以及模具，共 17 种。

六、成熟

成熟是将面点生坯加热，使之成为熟食的操作过程。对于大多数品种来说，成熟的质量影响着制品的色、香、味、形。因此，行业中有"三分做功，七分火功"的说法。我国面点常用的成熟方法有蒸、煮、煎、炸、烤、烙、炒等。

以上各项技术贯穿于整个面点制作过程中，是相互连贯、相互影响，且必不可少的。因此，每一个从事面点制作的人，都必须熟练掌握这些技术。只有熟练、正确地掌握好基本功，才能制出色、香、味、形俱佳的面点。

面点制作工艺流程如图 2-6 所示。

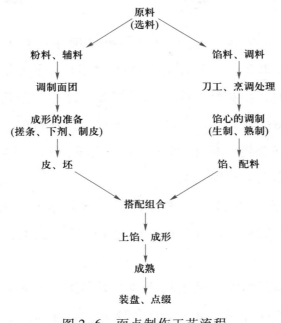

图 2-6 面点制作工艺流程

任务 2.2 面点原料知识

我国幅员辽阔、物产丰富，用以制作面点的原料非常多，几乎所有的主粮、杂粮以及大部分可食用的动、植物都可以作为原料使用。随着经济、科技的发展，用来制作面点的原料不断得到扩充。只有熟悉原料的性质、特点、营养成分以及它们的作用和用法，在实际操作中才能正确选择原料，合理使用原料，使成品的质量得到保证。

一、皮坯原料

皮坯原料指制作面皮的原料，包括面粉、米粉、玉米粉、豆粉和其他粉料。

（一）面粉

面粉是由小麦经加工磨制而成的粉状物质。它在面点制作中用量较大，用途也较为广泛。

1. 面粉的种类

目前市场供应的面粉可分为等级粉和专用粉两大类。等级粉是按加工精度的不同而分类的，可分为特制粉、标准粉、普通粉；专用粉是针对不同的面点品种，在加工制粉时加入适量的化学添加剂或采用特殊处理方法，使制出的粉具有专门的用途，如面包粉、糕点粉、自发粉、水饺粉。

（1）等级粉

特制粉　特制粉加工精度高，色泽洁白，颗粒细小，含麸量少，灰分含量不超过 0.75%，湿面筋含量不低于 26%，水分含量不超过 14.5%。用特制粉调制的面团筋性强，色白，适宜制作各种精细品种。如花色蒸饺、翡翠烧卖、酥盒、莲花酥、蚝油叉烧包。

标准粉　标准粉加工精度较高，颜色稍黄，颗粒较特制粉粗，含麸量高于特制粉，灰分含量不超过 1.25%，湿面筋含量不低于 24%，水分含量不超过 14%。用标准粉调制的面团筋性弱于特制粉，适宜制作大众化面点品种。

普通粉　普通粉颜色比标准粉黄，颗粒较粗，含麸量高于标准粉，灰分含量不超过 1.25%，湿面筋含量不低于 22%，水分含量不超过 13.5%。现在许多厂家已不加工普通粉。

（2）专用粉

面包粉　面包粉也称高筋面粉，是用角质多、蛋白质含量高的小麦加工制成。用该粉调制的面团劲力大，饱和气体能力强，制出的面包体积大，松软且富有弹性。

糕点粉　糕点粉也称低筋面粉，是将小麦经高压蒸汽加热 2 min 后再制成面粉。小麦经高压蒸汽处理后，蛋白质的特性改变，面粉的筋性降低。糕点粉适合制作饼干、蛋糕、开花包子等制品。

自发粉　自发粉是在特制粉中按一定的比例添加泡打粉或干酵母制成的面粉。用自发粉调制面团时要注意水湿及添加辅料的用量，以免影响其发酵能力。自发粉可直接用于制作馒头、包子等发酵制品。

水饺粉　水饺粉的粉质洁白、细腻，面筋质含量较高，加水和成面团具有较好的耐压强度和良好的延展特性，适合做水饺、面条、馄饨等品种。

2. 面粉的化学成分及性质

面粉的特性，取决于其所含的化学成分。面粉主要由蛋白质、糖类（碳水化合物）、脂肪、矿物质和水分组成，其中蛋白质、糖类含量的高低，决定了面粉的性质。不同的面粉，其成分组成及各种成分的含量也不完全相同，面粉的成分含量如表 2-1 所示。

表 2-1　面粉的成分含量

成分	单位	标准粉	特制粉
水分		12~14	13~14
蛋白质		9.9~12.2	7.2~10.5
脂肪	%	1.5~1.8	0.9~1.3
糖类		73~75.6	75~78.2
粗纤维		0.79	0.06
灰分		0.8~1.4	0.5~0.9

成分	单位	标准粉	特制粉
钙		31~38	19~24
磷		184~268	86~101
铁	mg/100 g	4.0~4.6	2.7~3.7
维生素 B_1		0.26~0.46	0.06~0.13
维生素 B_2		0.06~0.11	0.03~0.07
烟酸		2.2~2.5	1.1~1.5

（1）蛋白质

① 面粉中蛋白质的种类。面粉中含有 9%~13% 的蛋白质，其种类主要有 4 种，即麦胶蛋白（醇溶蛋白）、麦谷蛋白、麦清蛋白和麦球蛋白。其中，麦胶蛋白和麦谷蛋白含量达82%以上，它们是形成面筋的主要成分，故又称面筋蛋白质。

麦胶蛋白不溶于水、无水乙醇及其他中性溶剂，但它能溶于 60%~80% 的乙醇水溶液中，故又称醇溶蛋白。麦谷蛋白不溶于水及其他中性溶剂，但能溶于稀酸或稀碱溶液，在热的稀乙醇中可稍溶解。为此，发酵过度的面团，由于产生了大量的乙醇或乙酸，其产生面筋量会减少。

面粉中蛋白质的重要性，不单纯表现在蛋白质的营养价值上，更重要的是它吸水膨胀形成面筋，影响面点制作的全过程以及制品的质量。

② 面筋。面粉加水揉和成面团，使面团充分上劲后，在水中揉洗除去淀粉和麸皮等微粒，得到一种浅灰色、柔软而富有弹性的胶状物，这种胶状物就是面筋。面筋是蛋白质吸水膨胀形成的，因面筋含水量在 65%~75%，所以称为湿面筋。湿面筋经烘干去除水分，称为干面筋。面筋的成分见表 2-2 和表 2-3。

表 2-2　湿面筋的成分　　　　　　　　　　　　　　　单位:%

成分	水	蛋白质	淀粉	脂肪	灰分	纤维
含量	67.0	26.4	3.3	2.0	1.0	0.3

从表 2-3 中可知，面筋主要由麦谷蛋白和麦胶蛋白组成。面筋具有延伸性、韧性、弹性、可塑性等物理性质。面筋是影响面团工艺性能和制品质量的重要物质。

表 2-3　干面筋的成分　　　　　　　　　　　　　　　单位:%

成分	麦胶蛋白	麦谷蛋白	其他蛋白质	淀粉	其他糖类	脂肪
含量	43.02	39.10	4.41	6.45	2.13	2.80

影响面筋生成率的因素主要有用水量、温度、静置时间、含糖量、油脂和添加剂。

用水量　在一定条件下，用水量多，能使面筋蛋白质充分吸水，有利于面筋的生成。

温度　在 30 ℃时，面筋蛋白质的吸水率可达 150%～200%，所以，和面时将水温控制在 30 ℃左右，不仅有利于提高面筋生成率，而且其面团劲力大、柔韧性好。但当水温在 70 ℃以上时，由于蛋白质受热变性，面筋便失去固有的物理性质。

静置时间　质地正常的面粉，其面筋的生成率随着面团静置时间的延长而略有提高。因为面筋蛋白质充分吸水生成面筋通常需要 15～20 min。

含糖量　食糖、饴糖液都具有吸水性和渗透性。当面团中含糖量达到一定浓度时具有较高的渗透压，不仅能使面团中的游离水渗出，而且能占据蛋白质与淀粉分子间的一定空间，使蛋白质、淀粉已吸收的水分排出去，这就会降低蛋白质的吸水率，影响面筋生成率。

油脂　油脂具有疏水性。在调制油酥面团时，油脂加入面粉中，易在面粉颗粒的表面形成一层油膜，阻碍水分子向蛋白质胶粒内部渗透，使面筋蛋白质不能吸水生成面筋，从而降低了面筋生成率。

添加剂　和面时添加食盐、食用碱，不仅能提高面筋的生成率，而且能提高面筋的质量，故行业中有"碱是骨头，盐是筋"之说。

（2）糖类。糖类是面粉的主要成分，占面粉总量的 70%～80%，它包括可溶性糖、纤维素和半纤维素、淀粉，其中淀粉占比 95%以上。

① 可溶性糖。面粉中含有 1%～1.5%的可溶性糖，包括蔗糖、麦芽糖和葡萄糖。面粉中含有的可溶性糖，在发酵面团中可直接被酵母利用，有利于发酵。

② 纤维素和半纤维素。它们是构成麸皮的主要成分。特制粉中麸皮含量低，色白、细腻；普通面粉中麸皮含量高，色黄、口感粗。

③ 淀粉。面粉中含 70%～75%的淀粉，小麦淀粉中含 24%的直链淀粉，76%的支链淀粉。小麦淀粉不溶于冷水，开始糊化的温度是 65 ℃，当淀粉糊化后，淀粉颗粒吸水膨胀、破裂，吸水量增加，黏性增大。

小麦淀粉经漂白干燥制得的粉称为澄粉，具有色白、细腻的特点。澄粉由于几乎不含面筋，用冷水和面时黏性差，一般适宜于热水调制面团，所调制的面团称为澄面，具有色泽洁白、半透明、可塑性好的特点，常用于制作笋尖鲜虾饺、莲蓉晶饼、三丁水晶包以及捏花点缀等。成品具有细腻柔软、口感嫩滑、洁白透明、成形稳定的特点。澄粉还可以与面粉掺和使用，起到降低面团劲力的作用。

（二）米粉

米粉也称稻米粉，是由稻米加工而成的粉状物，是制作粉团、糕团的主要原料。

1. 米粉的分类

（1）按米的品种分类　米粉可分为糯米粉、粳米粉、籼米粉三种。

① 糯米粉。又称江米粉，根据品种的不同又可分为粳糯粉（大糯粉）和籼糯粉（小糯粉）。

粳糯粉柔糯细滑，黏性强，品质好；籼糯粉粉质粗硬，黏糯性弱，品质较差。糯米粉的用途很广，制作的成品软滑、糯香，如年糕、汤圆。

② 粳米粉。粳米粉的黏性次于糯米粉，一般将粳米粉与糯米粉按一定的比例配合使用，用于制作糕团或粉团。

③ 籼米粉。籼米粉的黏性小、胀性大，这是因为其支链淀粉含量相对较少，可制作水塔糕、萝卜糕、芋头糕等，还可以制作发酵面团，如米发糕、广东伦教糕。

（2）按加工方法分类　米粉又可分为干磨粉、湿磨粉、水磨粉三种。

① 干磨粉。用各种米直接磨成的粉，其优点是含水量少，保管、运输方便，不易变质。缺点是粉质较粗，成品滑爽性差。

② 湿磨粉。制湿磨粉是先将米淘洗、浸泡涨发，控干水分后磨制成粉。湿磨粉的优点是较干磨粉质感细腻，富有光泽，缺点是磨出的粉需干燥才能保藏。

③ 水磨粉。将米淘洗、浸泡、带水磨成粉浆后，经压粉沥水、干燥等工艺制成水磨粉。水磨粉的优点是粉质细腻，成品柔软滑润，用途较广，缺点是工艺较复杂，含水量大，不宜久藏。

2. 大米的化学成分

大米的化学成分见表2-4。

表2-4　大米的化学成分

类别	水分含量/%	蛋白质含量/%	脂肪含量/%	淀粉含量/%	粗纤维含量/%	矿物质含量/%	钙含量	磷含量	铁含量
								mg/100 g	
粳米	14	6.7	0.9	78	0.2	0.5	7	13.6	1.6
糯米	14.6	6.7	1.4	79	0.4	1.1	9	15.5	6.7
籼米	13	7.8	1.2	77	0.2	0.5	8	17.2	2.1

从表中可以看出，大米所含的蛋白质、淀粉和脂肪等化学成分与小麦基本相同，但是两者所含蛋白质和淀粉的性质却有很大的区别。

面粉中所含的蛋白质是能吸水生成面筋的麦谷蛋白和麦胶蛋白；而米粉中所含的蛋白质则是不能生成面筋的谷蛋白和醇溶蛋白。所以米粉面团无劲力，不利于擀制和抻拉，也不利于气体的保存，不宜做发酵制品。

米粉所含淀粉的比例虽然和面粉所含淀粉比例大致相同，但不同种类的米粉其支链淀粉和直链淀粉的比例有差异（表 2-5）。由于支链淀粉糊化后形成黏度很大的溶液，直链淀粉糊化后形成黏度较小的溶液，因此，糯米粉成熟后黏性最高，粳米粉黏性次之，籼米粉黏性最弱。

表 2-5　面粉、米粉、玉米直链淀粉和支链淀粉含量

种类	面粉	米粉		玉米	
		籼米	粳米	糯玉米	普通玉米
直链淀粉/%	24	25	18	0	26
支链淀粉/%	76	75	82	100	74

（三）玉米粉

玉米粉是由玉米去皮精磨而成。玉米粉粉质细滑，糊化后吸水性强，易于凝结。玉米粉可以单独用来制作面食，如窝头、玉米饼。玉米粉含直链淀粉 26%，支链淀粉 74%。由于玉米粉中直链淀粉和支链淀粉的含量比例与面粉大致相同，所以玉米粉可与面粉掺和使用，作为降低筋性的填充原料，如制作蛋糕、奶油曲奇。

（四）豆粉

常用的豆粉有绿豆粉、赤豆粉、黄豆粉等。

1. 绿豆粉

绿豆以色浓绿、富有光泽、粒大而整齐者为好。绿豆粉的加工过程是将绿豆拣去杂质，洗净入锅煮至八成熟，使豆粒涨发，去壳，控干水分用河沙拌炒至断生微香，筛去河沙磨粉而成。绿豆粉可用来做绿豆糕、豆皮等，也可用作制馅原料，如用于制作豆蓉馅。

2. 赤豆粉

将赤豆拣去杂质，洗净煮熟，去皮晒干，磨成粉。赤豆粉直接用于面点制品的不多，常用于制豆沙馅。豆沙馅的制作过程是将赤豆拣去杂质，洗净加少许食用碱煮至酥烂，揉搓去皮，过筛成豆泥，再加糖、油炒制而成。

3. 黄豆粉

黄豆粉具有较高的营养价值，通常与米粉、玉米粉等掺和后制成团子及糕、饼等面点。

（五）其他粉料

1. 小米粉

小米又称粟，分为粳、糯两大类。将小米磨成粉后可制作小米窝头、丝糕等，与面粉掺和后可制成各式发酵面点。

2. 番薯粉

番薯粉又称山芋粉、红薯粉，制成的粉色泽灰暗、口感爽滑。其淀粉中直链淀粉含量为18%，支链淀粉含量为82%，所以番薯粉成熟后具有较强的黏性。使用时常与澄粉、米粉掺和才能制作各类面点；也可将含淀粉多的番薯蒸至酥烂后捣成泥，与澄面掺和制成面点，如薯蓉系列面点。

3. 马铃薯粉

马铃薯粉颜色洁白、质地细腻，吸水性强，其淀粉中直链淀粉含量为20%，支链淀粉含量为80%，通常与澄面、米粉掺和使用，也可作为调节面粉筋性的填充原料。马铃薯蒸熟去皮捣成泥后，与澄面掺和制成面点，如生雪梨果、莲蓉铃蓉角等。马铃薯泥与白糖、油可炒制成铃蓉馅。

4. 马蹄粉

马蹄粉是以马蹄（也称荸荠）为原料制成的粉。马蹄粉具有粉质细滑、吸水性好，糊化后凝结性好的特点，通常用于制作马蹄糕系列品种，如生磨马蹄糕、九层马蹄糕、橙汁马蹄卷。马蹄粉也是质量上乘的烹调用淀粉。

二、辅助原料

面团制作的辅助原料有糖、食用油脂、蛋品、乳品和果品。

（一）糖

糖是制作面点的重要原料之一。糖除了作为甜味剂可使面点具有甜味外，还能改善面团的品质。面点中常用的糖可分为食糖、饴糖两类。

1. 食糖

食糖主要以甘蔗和甜菜为原料榨制加工而成，主要有白砂糖、绵白糖、红糖、冰糖等。

（1）白砂糖。白砂糖为机制精糖，纯度很高，糖含量在99%以上，是用途最为广泛的食糖。白砂糖以晶粒均匀一致、颜色洁白、无杂质、无异味为优，用水溶化后糖液清澈。白砂糖根据晶粒大小，可分为粗砂糖、中砂糖、细砂糖三种。白砂糖由于颗粒粗硬，如用于调制含水量少、用糖量大的面团时，应改制成糖粉或糖浆使用，否则会出现面团结构不均匀或烘烤、油炸后制品表面出现斑点的情况。

（2）绵白糖。绵白糖为粉末状的结晶糖，具有色泽雪白、杂质少，质地细腻绵软、溶解快的特点。绵白糖可直接加入面团中使用，常用于含水量少、用糖量大的面点中，如核桃酥、开花馒头、棉花杯。

（3）红糖。红糖也称红片糖。由于在制作中没有经过脱色及净化等工序，结晶糖块中含有糖蜜、色素等物质，因此红糖具有色泽金黄、甘甜味香的特点。红糖在使用时需溶成糖水，过滤后再使用。红糖用于面点中能起到增色、增香的作用，如年糕、松糕、蕉叶粑。

（4）冰糖。冰糖是白砂糖重新结晶的再制品，外形为块状的大晶粒，晶莹透明，很像冰块，故称冰糖。冰糖纯度高，口味清甜醇正，一般用于制作甜羹或甜汤，如银耳雪梨羹、菠萝甜羹等。

2. 饴糖

饴糖又称糖稀、米稀。它是以谷物为原料，经蒸熟后，加入麦芽酶发酵，使淀粉糖化后浓缩而制得。饴糖是一种浅棕色、半透明、具有甜味、黏稠的糖液，根据浓缩程度不同有稀稠之分，使用时应根据其稀稠度掌握用量。

饴糖的含水量为 20%～25%，麦芽糖含量为 50%～60%，糊精含量为 20%～25%。饴糖中的麦芽糖在高温下容易焦化，因此在烘烤、油炸制品中加入少量饴糖，能使制品红润、光亮。饴糖中的糊精是淀粉分解为麦芽糖的中间产物，可防止上浆制品出现发砂现象，故在熬制糖浆时，往往加入适量饴糖，能防止糖浆的发砂现象。饴糖具有良好的持水性，它可以保持面点制品的柔软性。

饴糖由于水分含量高，且含有淀粉酶、麦芽酶，在环境温度较高时容易发酵变酸，因此浓度低的饴糖不宜久置。

3. 糖在面点中的作用

（1）增进面点的色、香、味、形。糖除了使制品具有甜味外，在烘烤或油炸时，由于糖的焦化作用，能使制品表面形成美观的金黄色或棕黄色，并产生诱人的焦糖香味。糖还可以改善制品的组织结构，冷却后使制品外形挺拔，起到骨架作用，并有酥脆感。

（2）调节面筋的胀润度。面团的劲力除了取决于面粉面筋蛋白质含量外，还取决于面团中面筋蛋白质吸水胀润的程度。在调制面团时适量地添加食糖，利用食糖的易溶性和渗透压，可影响面筋蛋白质的吸水膨胀率，起到调节面筋胀润度的作用，使面团具有可塑性，防止制品收缩变形。

（3）供给酵母养料，调节发酵速度。在发酵面团中，加入适量的糖，可供给酵母菌营养，促进发酵。但如果用糖量过多，会使酵母菌的生长繁殖受到抑制。所以，糖可以起到调节发酵速度的作用。

（4）能提高制品的营养价值。糖能迅速被人体吸收，1 g 食糖可产生 16.74 kJ 的热量，食用含糖制品可有效地消除人体的疲劳，补充人体的能量需要。

（5）延长制品的存放期。食糖具有一定的防腐性，当它的溶液达到一定浓度时，由于有较高的渗透压，能使微生物脱水，细胞发生质壁分离，产生生理干燥现象，从而抑制微生物的生长繁殖。

（二）食用油脂

油脂在面点制作中具有重要的作用，不仅能改善面团的结构，而且能增进制品的风味。面点制作中常用的食用油脂可分为动物性油脂、植物性油脂和加工性油脂。

1. 动物性油脂

动物性油脂是指从动物的脂肪组织或乳中提取的油脂，其具有熔点高、可塑性好、流散性差、风味独特等特点。动物性油脂主要品种有猪油、奶油、鸡油、牛油和羊油。

（1）猪油。猪油又称大油、白油，是用猪的皮下脂肪或内脏脂肪等脂肪组织加工炼制而成。猪油常温下呈软膏状，乳白色或稍带黄色，低温时为固体；高于常温时为液体，有浓郁的猪脂香气。直接用火熬炼提取的猪油，由于含有血红素，易氧化酸败，宜低温存放。近几年已有经深加工的猪脂供应，具有色泽乳白、可塑性好、使用方便等优点，但猪脂香味略差。

猪油是面点制作中的重要辅助原料之一。猪油的起酥性好，用猪油制作的油酥面团层次分明，成品酥松适口、吃口香酥。用猪油调馅，不但馅心明亮滋润，而且调出的馅心香气浓郁、醇厚。

（2）奶油。奶油也称黄油，是从动物乳中分离出来的脂肪和其他成分的混合物。奶油色淡黄，常温下呈固态，具有浓郁的奶香味，易消化，营养价值高。

奶油的熔点为 28～30 ℃，凝固点为 15～25 ℃，在常温下呈固态，在高温下软化变形，故夏季加工使用奶油时宜在低温环境下操作。奶油除含有约 80% 的乳脂肪外，还含有约 16% 的水分，乳脂肪中的磷脂具有良好的亲水性和乳化性。用奶油调制面团，面团组织结构均匀，制品松软可口。

奶油因含水分较多，是微生物的良好的培养基，在高温下易受细菌和霉菌的污染。此外，奶油中的不饱和脂肪酸易氧化酸败，故奶油要低温保存。

（3）鸡油。鸡油往往采用自行提取的办法：一种方法是将鸡体内的脂肪组织加水用中火慢慢熬炼，另一种方法是放在容器内蒸制。鸡油色泽金黄、鲜香味浓，易于人体消化吸收，有较高的营养价值。由于鸡油来源少，一般用于调味或增色，如鸡油马拉糕、鸡油馄饨、鸡油面条。

（4）牛油和羊油。牛羊油是牛羊体内的脂肪组织及骨髓经提炼而得。牛羊油的熔点高（44～45 ℃），故常温下呈硬块状，未经脱臭时有令人不愉快的腥味，不易被人体消化吸收。牛羊油在未进行深加工前，使用不多，一般用于工业制皂的原料。

2. 植物性油脂

植物性油脂是指从植物的种子中榨取的油脂。榨取油脂的方法有两种：一是冷榨法，其油的色泽较浅，气味较淡，水分含量高；二是热榨法，其油的色泽较深，气味浓香，水分含量低，出油量大。常见的植物油有花生油、菜籽油、豆油、茶油、芝麻油等。

（1）花生油。花生油是将花生仁经加工榨取的油脂，纯正的花生油透明清亮，色泽淡黄，气味芳香，常温下不浑浊，温度低于 4 ℃时，稠厚混浊呈粥状，色为乳黄色。由于花生油味纯色浅，用途广泛，可用于调制面团、制馅和用作炸制油。用花生油炒制出的甜馅，油亮味香，如豆沙馅、莲蓉馅。

（2）菜籽油。菜籽油是油菜籽经加工榨取的油脂。菜籽油按加工精度可分为普通菜籽油和精制菜籽油。普通菜籽油色深黄略带绿色，且菜籽腥味浓重，不宜用于调制面团或用作炸制油；精制菜籽油是经脱色、脱臭精加工而成，油色浅黄、澄清透明，味清香，可用于调制面团或用作炸制油。

菜籽油是我国主要食用油之一，是制作色拉油、人造奶油的主要原料。

（3）豆油。豆油是从大豆中榨取的油脂。粗制的豆油为黄褐色，有浓重的豆腥味，使用时可将油放入锅内加热，投入少许葱、姜，略炸后捞出，去除豆腥味。精制的豆油呈淡黄色，可直接用于调制面团或炸制面点。豆油的营养价值比较高，其亚油酸含量占所含脂肪酸的52%，几乎不含胆固醇，在体内消化率高，长期食用对预防人体动脉硬化有辅助作用。

（4）茶油。茶油是用油茶树结的油茶果仁榨取的油脂，以我国南方丘陵地区产量较高。茶油的榨取一般采用热榨法，茶油呈金黄色，透明度较高，具有独特的清香味。茶油用于烹调，可以起到去腥、去膻的作用。由于茶油味较浓重，色较深，一般不适于调制面团或炸制面点。

（5）芝麻油。芝麻油又称麻油、香油，是芝麻经加工榨取的油脂。芝麻油按加工方法的不同分为大槽油和小磨香油。大槽油是以冷榨的方法制取的，油色金黄，香气不浓；小磨香油是采用我国传统的制油方法——水代法制成的，大致方法是将芝麻炒香磨成粉，加开水搅拌，振荡出油。小磨香油呈红褐色，味浓香，一般用于调味增香。

除以上介绍的植物油外，面点制作中常用的植物油还有玉米油、椰子油、可可脂等。

3. 加工性油脂

加工性油脂是指将油脂进行二次加工所得到的产品。如人造奶油、起酥油、人造淡奶油、色拉油。

（1）人造奶油。即人造黄油，也称"麦淇淋"，是英文"margarin"一词的音译。

人造奶油是由氢化植物油、乳化剂、色素、食盐、赋香剂、水等经乳化而成。人造奶油是奶油的常见代用品，具有良好的乳化性、起酥性、可塑性，有浓郁的奶香味，常用于制作西式面点。人造奶油与天然奶油相比，不易被人体消化吸收。

（2）起酥油。起酥油是以植物油为原料，经氢化、脱色、脱臭后形成的可塑性好、起酥效果好的固体油脂。起酥油是将植物油所含的不饱和脂肪酸氢化为饱和脂肪油，使液态的植物油成为固体的起酥油。起酥油分为低熔点起酥油和高熔点起酥油，可根据不同的面点选用。

（3）人造淡奶油。人造淡奶油也称"鲜忌廉"，"忌廉"是英文"cream"一词的音译。人造淡奶油主要成分是氢化棕榈油、山梨糖醇、酪朊酸钠、单硬脂酸甘油酯、大豆卵磷脂、发酵乳、白砂糖、精盐、油香料等。人造淡奶油应储藏在-18 ℃以下，使用时，在常温下稍软化后，先用搅拌器（机）慢速搅打至无硬块后改为高速搅打，至体积胀发为原体积的10~12倍后改为慢速搅打，直至组织细腻、挺立性好即可使用。搅打胀发的人造淡奶油常用于蛋糕的裱花、西式面点的点缀和灌馅。

（4）色拉油。色拉油是植物油经脱色、脱臭、脱蜡、脱胶等工艺精制而成的油脂，"色拉"是英文"salad"一词的音译。色拉油清澈透明，流动性好，稳定性强，无不良气体，在0~4 ℃放置无混浊现象。色拉油是优质的炸制油，炸制的面点颜色纯，形态好。

4. 油脂在面点中的作用

（1）降低面团的筋性和黏着性，有利于成形。油脂具有疏水性。油脂加入面粉后，易在面粉颗粒表面形成一层油膜，阻碍水分向蛋白质胶粒内部渗透，使面筋蛋白质不能完全吸水生成面筋，影响面筋的生成率，可避免制品在成形及成熟过程中收缩变形。

（2）使制品酥松、丰满、有层次。由于油脂在面粉颗粒表面形成的油膜，阻止了蛋白质及淀粉吸水，降低了它们之间的结合力，使面粉颗粒之间有一定的空隙，当制品受热时，空隙中的空气就会膨胀，使制品酥松、丰满。

（3）增进风味，使制品光滑油亮。

（4）利用油脂的传热特点，使制品形成香、脆、酥、嫩等不同味道和质地。

（5）能提高制品的营养价值，为人体提供热量。

1 g 油脂可产生 37.67 kJ 的能量，还可供给人体各种脂肪酸、磷脂、维生素 A、维生素 B、维生素 E。

（6）降低吸水量，延长制品的存放期。

（三）蛋品

用于制作面点的蛋品以鲜蛋为主，包括鸡蛋、鸭蛋等各种禽蛋，其中鸡蛋起泡性好、凝胶性强、味道鲜美，在面点制作中用量最大。蛋由蛋壳、蛋清、蛋黄三个部分构成，其中蛋壳约占总重的11%，蛋清约占58%，蛋黄约占31%。

1. 蛋的特性

（1）蛋白的起泡性。蛋白是一种亲水胶体，呈碱性，具有良好的起泡性，在调制物理膨胀松面团中具有重要的作用。打蛋白是调制蛋泡面团的重要工序，泡沫的形成受到许多因素的影响，如蛋的新鲜度、油脂、pH、温度、搅打速度。加入"塔塔粉"（一种食品添加剂，主要成分是酒石酸氢钾）可以提高蛋泡的稳定性。

（2）蛋黄的乳化性。蛋黄中含有许多磷脂，磷脂具有亲油和亲水的双重性，是一种理想的天然乳化剂。调制面团时适量加入蛋液，能使油脂、水和其他辅料均匀地分布结合，使制品组织细腻、质地均匀、疏松可口，且具有良好的色泽。

（3）蛋的热凝固性。蛋白受热后会出现凝固变性现象，其在 50 ℃ 左右时开始混浊，在 57 ℃ 时黏度增加，在 62 ℃ 以上时失去流动性，70 ℃ 以上凝固为块状，失去起泡性。蛋黄则在 65 ℃ 时开始变黏，呈凝胶状；70 ℃ 以上失去流动性并凝结。

2. 蛋品在面点中的作用

（1）能改进面团的组织状态，提高制品的疏松度和绵软性。蛋白具有发泡性，可形成蜂窝结构，增大制品的体积；蛋黄的乳化作用能促进脂肪与水的融合，使脂肪均匀分散在面团中，提高制品的疏松度。

（2）能改善面点的色、香、味。在面团中调入蛋液或在面点表面涂上蛋液，经烘烤或油炸后，能使制品呈现金黄发亮的色泽，使制品的色泽美观。加入蛋的制品，成熟后能产生美好滋味和香味，可提高制品的食用价值。

（3）提高制品的营养价值。蛋中含蛋白质丰富，且所含的是完全蛋白质，必需氨基酸的比例、种类适合人体的需要；所含脂肪多由不饱和脂肪酸构成，特别是蛋黄中的磷脂，对促进人体的生长发育有重要作用。因此，蛋品能提高制品的营养价值。

（四）乳品

1. 常用的乳品

（1）鲜乳。正常的鲜乳呈乳白色或白中略带微黄色，有清淡的乳香味。鲜乳主要由水、脂肪、磷脂、蛋白质、乳糖、矿物质、维生素、酶类、免疫蛋白、色素等成分组成。鲜乳组织均匀，营养丰富，使用方便，可直接用于调制面团或制作各种乳白色冻糕，如雪白棉花杯、可可奶层糕、杏仁奶豆腐。鲜乳还常用于调制甜馅，以增加馅心的乳香味和食用价值。

（2）乳粉。乳粉是以牛、羊鲜乳为原料，经浓缩后喷雾干燥制成的，包括全脂乳粉和脱脂乳粉两大类。由于乳粉含水量低，便于保存，使用方便，因此乳粉被广泛用于面点的制作中。在面点制作中要考虑乳粉的溶解度、吸湿性、甜度和滋味，使用时要先用少许水调匀，才能调入面团中，防止出现结块现象。

（3）炼乳。炼乳是鲜乳加蔗糖，经杀菌、浓缩、均质而成。炼乳应有甜味和纯净的乳香味，有良好的流动性，色泽浅黄，不应有蔗糖或乳糖结晶的粗糙感。炼乳可分为甜炼乳和淡炼乳两种。甜炼乳甜度高，使用时应注意适当减少用糖量。

2. 乳品在面点中的作用

（1）改进面团工艺性能。乳中含有丰富的磷脂，磷脂是一种很好的乳化剂。因此，乳加入面团中可以促进面团中油与水的乳化，改进面团面筋结构，起到调节面筋胀润度的作用，使制品不易收缩变形。

（2）改善面点的色、香、味。利用乳品的天然乳白色，可以提高制品的雪白度，制出乳白光洁的制品；加乳烘烤出的面点呈现出特有的乳黄色，同时还具有乳香味。

（3）提高面点的营养价值。乳品中的蛋白质属于完全蛋白质，它含有人体必需的氨基酸，同时乳中还含有乳糖和多种维生素、矿物质，对促进人体生长发育，尤其对维护儿童的健康有着重要的作用。

（五）果品

果品按商品分类可分为鲜果，如苹果、梨、桃；果仁，如核桃仁、松子仁、花生仁；果干，如红枣、葡萄干、柿饼；果制品，如果脯、蜜饯、果酱。

1. 鲜果

鲜果富含水分、糖类、有机酸、维生素 C 等，品种多，颜色鲜艳。鲜果在西式面点中使用较多，常用于酥炸水果点心或凝冻水果点心，如酥炸苹果环、酥炸香蕉条、柑橘奶冻糕。更多的是用于西式面点的点缀和装饰，如各式水果挞及裱花蛋糕的点缀。在运用鲜果进行装饰点缀时，要避免使用易氧化的鲜果，如苹果、香蕉、柿子，以免氧化变色，影响美观。

2. 果仁

果仁含有丰富的脂肪、蛋白质、糖类、矿物质等，具有油香、独特的风味。果仁常用于面点的馅心及表面沾裹、点缀，如五仁馅、麻蓉馅、核桃酥、香麻炸软枣、杏仁酥。果仁在使用时均需去皮、去壳，选洗干净。用其制馅时，应烤（炒）香；用于炸、烤面点表面沾裹时，则需生料沾裹、点缀。由于果仁脂肪含量丰富，在环境温度较高时易氧化酸败，故应在低温干燥处保存。

3. 果干

果干富含糖类、有机酸、矿物质等。常用的果干有红（黑）枣、杏干、葡萄干等。由于果干含水分较少，可以较长时间存放，所以具有使用方便的特点。果干在面点制作中可用于制馅或拌入面团中增加风味，如枣泥馅、葡萄面包。

4. 果制品

果制品包括果脯、蜜饯、果酱和罐装水果。果制品是利用高浓度糖分所具有的渗透压，使微生物细胞脱水收缩，细胞质壁分离而产生生理干燥现象，从而抑制微生物的生长繁殖，使制品利于保存。果制品在面点制作中常用于做馅或点缀。

5. 果品在面点中的作用

（1）果品风味优异、色泽鲜艳，可改进面点的色泽与形态。

（2）果品是制作甜馅和装饰点缀的重要原料，可丰富面点品种。

（3）果品营养丰富，可以提高成品的营养价值。

三、食品添加剂

在不影响食品营养价值的基础上，为了增强食品的感官性状，提高或保持食品的质量，在食品生产中常加入适量化学合成或天然的物质，这些物质就是食品添加剂。在面点制作中常用的添加剂有膨松剂、着色剂、调味剂、赋香剂、凝胶剂等。

（一）膨松剂

凡能使面点制品膨大疏松的物质都可称为膨松剂。膨松剂有两类，一类是生物膨松剂，多用于糖、油用量较少的制品；另一类是化学膨松剂，多用于糖、油用量较多的制品。

1. 生物膨松剂

生物膨松剂也称生物发酵剂，是利用酵母菌在面团中生长繁殖产生二氧化碳气体，使制品膨松柔软。目前，用于制作面点的生物膨松剂有两大类，一类是酵母菌，它包括液体鲜酵母、固体鲜酵母、活性干酵母三种；另一类是将前次用剩的发酵面团作为膨松剂，称为老酵或面肥。也还有将酒或酒酿作为膨松剂进行发酵的。

用酵母菌发酵的特点是发酵力强，制品口味醇香，但需严格控制发酵温度和环境湿度。用老酵发酵的特点是由于菌种不纯，面团发酵后会产生酸味，需兑碱后才能制作面点。老酵发酵是我国传统的发酵方法，经济实惠且制品风味独特，常用于制作包子、馒头等。

2. 化学膨松剂

常用的化学膨松剂有碳酸氢钠、碳酸钠、碳酸氢铵、泡打粉、明矾等。

（1）碳酸氢钠（$NaHCO_3$）。碳酸氢钠俗称小苏打，又称重碱。碳酸氢钠为白色粉末，无臭味，受热分解出 CO_2 气体，分解温度为 $60\sim150\ ℃$；易溶于水，水溶液呈碱性，遇酸会发生酸碱中和反应产生 CO_2 气体。碳酸氢钠常用于制作油条、麻花以及各类甜酥面点。使用时，为了使碳酸氢钠在面团中分布均匀，应先用冷水溶解或与液态原料混合后再加入面团中，防止制品出现黄色斑点。

（2）碳酸钠（Na_2CO_3）。碳酸钠又称食用碱，呈白色粉末或细粒状，较碳酸氢钠粗。碳酸钠受热不能分解出 CO_2 气体，易溶于水，水溶液呈碱性，遇酸则发生酸碱中和反应产生 CO_2 气体。

碳酸钠主要用于用老酵作为膨松剂的发酵面团，以中和发酵过程中产生的有机酸，产生 CO_2 气体，使制品膨大，如做包子、馒头。在冷水面团中加入少许碳酸钠，可以提高面团的韧性和延伸性。

（3）碳酸氢铵（NH_4HCO_3）。碳酸氢铵又称臭粉，为白色粉状结晶，有刺鼻的氨气味。

碳酸氢铵在常温下即缓慢分解出 NH_3、CO_2 气体，60 ℃以上分解迅速。碳酸氢铵易溶于水，水溶液呈碱性。

在面团中使用碳酸氢铵的优点是用量少、产气多，缺点是氨气残留在制品中影响制品口味，制品表面易出现气孔，色泽偏黄。碳酸氢铵一般与碳酸氢钠混合使用，并要注意共用量，一般不宜超过面粉用量的1%。碳酸氢铵适合炸点、烤点的制作，以利于氨气的挥发。

（4）泡打粉。泡打粉又称发粉、发酵粉，为复合型膨松剂，是由碱剂、酸剂和添加料配合组成的。碱剂一般使用小苏打，酸剂一般使用酒石酸、磷酸氢钙、明矾等，添加料为淀粉，按比例混合而成。泡打粉产气的主要原理是受热时碱剂和酸剂发生中和反应产生 CO_2 气体。泡打粉呈中性，使用方便、广泛，用量为面粉量的1%~3%，用量过多会影响制品的口味。

（5）明矾。明矾又称钾矾、钾明矾，为无色、透明、坚硬的结晶块或白色结晶粉末，无臭，味涩，呈酸性。在面点制作中常与碳酸钠或碳酸氢钠等碱性物质配合使用，酸碱中和产生 CO_2 气体。

明矾可用于制作油条、馓子等面点。根据国家相关规定，从2014年7月1日起，馒头、发糕等面制品（除油炸面制品、挂浆用的面糊、裹粉、煎炸粉外）不能添加含铝膨松剂硫酸铝钾和硫酸铝铵，也就是常说的"明矾"。

3. 使用化学膨松剂的注意事项

（1）掌握使用量，用量越少越好，一般能达到膨松效果即可。

（2）经加热后，成品中残留的膨松剂物质必须无毒、无味、无臭和无色，不影响成品的风味和质量。

（3）使用在常温下性质稳定而高温下能迅速均匀地产生大量气体、促进制品膨松的膨松剂。

（二）着色剂

为了增加面点的色泽，常常使用各种着色剂进行着色，使制品色泽丰富多彩。着色剂也称食用色素。食用色素按性质可分为天然色素、化学合成色素两大类。

1. 天然色素

天然色素主要是指从动植物中提取或利用微生物生长繁殖过程中的分泌物提取的色素。天然色素具有安全性高、着色自然的特点。

（1）红曲米色素。红曲米又称红曲、丹曲、赤曲等，是我国传统的食用色素。它是用红曲霉菌接种在米粒上，红曲霉菌在生长繁殖过程中的红色分泌物将米粒染成红色。用乙醇浸泡红曲米，提取红色的浸泡液，可得到红曲色素溶液。红曲色素具有耐光、耐热，对酸碱稳定，着色性好的特点，被广泛用于面点、菜肴的制作中。

（2）焦糖。焦糖又称糖色，为红褐色或黑褐色的液体。焦糖是蔗糖或饴糖在 180～190 ℃ 的温度下加热，使之焦化而成的一种红褐色或黑褐色色素。将蔗糖直接放入锅中炒焦可自制少量的焦糖，这是面点制作中常用的方法。

焦糖主要用于烘烤类面点，如黑麦面包、裸麦面包、虎皮蛋糕、布丁。

（3）姜黄和姜黄素。姜黄是一种多年生草本植物。将姜黄洗净晒干后，磨成粉末即可得到姜黄粉。姜黄粉为橙黄色粉末，有胡椒样芳香。将姜黄粉倒入酒精中，经搅拌、过滤、浓缩、干燥等工序制成的结晶物，即为姜黄素，它的着色力更强。

姜黄素用于面点制作中，能增加制品的黄色，如用于制绿豆糕、豌豆黄、栗蓉糕。姜黄粉有浓烈的辛香味，会影响面点的风味，一般制成咖喱粉后用于一些馅心的调味。

（4）叶绿素。叶绿素广泛存在于绿色植物中，在面点制作中常利用一些绿色蔬菜，榨其汁液用于调色，但叶绿素不耐酸，不耐热，也不耐光，提取叶绿素后制成叶绿素铜钠即成为性质稳定、使用方便的绿色素。叶绿素铜钠为蓝黑色有金属光泽的粉末，有氨味，易溶于水，有较强的耐光性和着色力。

常用的天然色素和着色剂还有可可粉、可可色素、咖啡粉、黄栀子等。

2. 人工合成色素

人工合成色素多为焦油系列品，由煤焦油中所含的、具有苯环或萘环等的物质合成而得。常见的有苋菜红、胭脂红、柠檬黄、日落黄、靛蓝、苹果绿等。人工合成色素色泽鲜艳，色调多样，着色力强，性质稳定，牢固度好，成本低，使用方便，但由于人工合成色素有一定的毒性，要严格控制其使用量，一般 1 kg 面点的最大使用量不得超过 0.05 g。

3. 使用着色剂应注意的事项

（1）要尽量选用对人体安全性高的天然色素。

（2）使用人工合成色素时要控制用量，不得超过国家允许的标准。

（3）要选择着色力强，耐热、耐酸碱的水溶性色素，避免其在人体内沉积。

（4）应尽量用原料的自然颜色来体现面点的色彩，使用色素的目的是为弥补原料颜色的不足，但以尽量少用色素为好。

（三）调味剂

凡能提高面点的滋味、调节口味、消除异味的可食性物质都可称为调味剂。调味剂的种类很多，按口味不同可分为：酸味剂，如醋酸、乳酸、柠檬酸；甜味剂，如食糖、饴糖、甜蜜素、甜菊糖苷；咸味剂，如食盐、酱油；鲜味剂，如味精、鸡精。

1. 食盐

食盐是味中之王，是咸味的主要来源。食盐对人体有极重要的生理作用，能促进胃液分泌、增进食欲，可保持人体正常的渗透压和体内的酸碱平衡。食盐在面点中的作用主要体现在以下四个方面：

（1）使制品具有咸味，调节口味。面点从味型上可分为甜点、咸点，食盐是咸点必不可少的调味剂。部分甜点在制作时，可加些食盐，起到调节口味的作用。

（2）提高面团的韧性和劲力。食盐因有极强的吸水性，能使面粉吸水胀润，提高面团的韧性；同时，由于食盐溶液渗透压的作用，又使面团的面筋质地变得紧密，提高面筋的强度，行业中有"碱是骨头，盐是筋"之说。

（3）改进制品的色泽。在面团中适量添加食盐，可使面团组织细密，成品色泽发白，这一点在发酵制品中表现得更为明显。

（4）调节发酵面团的发酵速度。食盐是酵母生长繁殖的营养素之一。适量的食盐可促进酵母的生长繁殖，但随着食盐溶液浓度不断加大后，由于渗透压的作用，又能抑制酵母的生长繁殖。因此食盐用量能起到调节发酵面团发酵速度的作用。

2. 柠檬酸

天然的柠檬酸存在于柠檬、柑橘之中，现多为利用糖质原料发酵制成的食品添加剂。柠檬酸是无色透明、结晶或结晶性粉末，无臭，味极酸，易溶于水。柠檬酸在面点制作中常用于糖浆的熬煮，防止糖浆出现"返砂"现象。

3. 甜蜜素

甜蜜素为白色粉末，为人工合成甜味剂。甜蜜素具有甜味纯正、自然的特点，且性质稳定。与蔗糖相比，甜蜜素的甜味刺激持续时间较长。甜蜜素现已被应用于饮料、蜜饯、糕点、腌渍蔬菜中。

4. 甜菊糖苷

甜菊糖苷是从甜叶菊中提取的天然甜味剂。甜菊糖苷为白色或微黄色粉末，味极甜。由于甜菊糖苷甜度高、用量少、能量低，可用于糖尿病、肥胖病、高血压患者的饮食，现可用于饮料、面点中。

（四）赋香剂

凡能增加食品的香气，改善食品风味的物质都可称为赋香剂。赋香剂按来源分类有天然赋香剂和人工合成赋香剂；按质地分类有水质、油质和粉质；按香型分类有奶香型、蛋香型和水果香型。面点中常用的有橘子油、薄荷油、香兰素、吉士粉等。

1. 橘子油

橘子油是橘皮经压榨或蒸馏加工而成。橘子油为黄色的油状液体，具有清甜的柑橘香气，是制作面点，特别是冻类点心常用的赋香剂。

2. 薄荷油

薄荷油也称薄荷素油，由蒸馏植物薄荷的茎、叶而得到薄荷原油，经勾兑加工而成。薄荷油为无色、淡黄色或黄绿色明亮液体，具有薄荷香气，味初辛后凉，是制作冻类点心常用的赋香剂。

3. 香兰素

香兰素也称香草粉，主要由人工合成制得，呈白色结晶或白色粉末状，具有蛋奶香气，味苦。香兰素遇碱或碱性物质会发生变色。香兰素在调入面团时，应用温水溶解后加入，以防混入时不均匀或结块影响成品的口味。

4. 吉士粉

吉士粉是一种混合型的调味香料，为黄色粉末状，具有浓郁的奶香和果味。吉士粉主要成分有变性淀粉、食用香精、食用色素、乳化剂、稳定剂、食盐等，在面点中有增色、增香，使制品更松脆的作用，常用于西式面点的制作。

5. 使用赋香剂应注意的事项

（1）使用赋香剂只能起到辅助原料增香的作用，若配比过多，会令人有刺鼻的刺激感觉，失去清雅醇和的香气，因此用量要适当。

（2）赋香剂都有一定的挥发性，使用时应尽量避免高温，以免挥发失去作用。

（3）赋香剂使用后，要及时密封、避光，以免挥发。

（五）凝胶剂

凝胶剂是改善和稳定食品物理性质或组织状态的添加剂，可分为动物性、植物性和人工合成凝胶剂。面点中常用的凝胶剂有琼脂、明胶、果胶等。

1. 琼脂

琼脂又称冻粉、洋菜，是从海藻类植物石花菜和江蓠中提取的。琼脂有条状、片状、粉状三种形状，以透明度高者为好。衡量琼脂质量的标准是凝结力，优质琼脂 0.1% 浓度的溶液即能形成冻胶，稍次的在 0.4% 以下，较差的则在 0.6% 以下。琼脂结冻的效果还与添加的原辅料以及温度有关，如用糖量增加，其凝结力下降。琼脂具有凝结力强、冻胶爽脆、透明度高等特点，常用于水果冻、杏仁豆腐、豌豆黄等制品，还可用于鲜肉馅的掺冻。

2. 明胶

明胶是从动物的皮、骨、软骨、韧带和鱼鳞中提取的高分子多肽物质。完全从鱼骨、鱼皮、鱼鳞中提取的明胶，可称为鱼胶。明胶为白色或微黄色、半透明的、微带光泽的薄片或粉粒，无挥发性，无臭味，有微弱的肉脂味。明胶不溶于冷水，但能缓慢地吸水膨胀而软化；其溶于热水，冷却到 30 ℃ 时开始凝结，冷却到 10 ℃ 左右时，能凝结 10 ~ 12 倍的水，形成柔软而有弹性的冻胶。明胶结冻的效果与所添加的原辅料以及温度有关。明胶具有凝结力强、冻胶柔软而有弹性、不易渗水等特点，常用于水果啫喱、棉花糖等制品。

3. 果胶

果胶是从天然的水果中提取的，它是由半乳糖醛酸聚合起来的糖类。果胶有果胶粉和液体果胶两类。果胶粉是从含果胶的原料中提炼出液体，经加工干燥而成的白色或黄色的无定形物质，有较好的水果风味；液体果胶是从含果胶的原料中提炼出液体，经去色、去糖浓缩而成，保持了良好的水果风味。果胶常用作果酱、果冻的添加剂。

任务 2.3 面点制作设备与工具

目前，我国大部分面点的制作仍以手工操作为主，但随着科学技术的发展，一些传统的手工操作将逐渐被机械所取代，使面点的制作朝卫生、快捷的方向发展。开发、使用新设备、新工具，是面点发展的条件之一。

一、常用设备

按面点生产工艺流程顺序，面点设备可分为初加工设备、成形设备、成熟设备。

（一）初加工设备

1. 绞肉机

绞肉机（图2-7）用于绞肉馅、豆沙馅等。其原理是利用中轴推进器将原料推至十字花刀处，通过十字花刀的高速旋转，使原料成为茸泥。使用绞肉机绞肉时，肉一定要去掉韧带，并切成小条，否则易缠绕刀片，造成停机。

图2-7 绞肉机

2. 磨浆机

磨浆机（图2-8）主要用于磨制米浆、豆浆等。其原理是通过磨盘的高速旋转，使原料呈浆茸状。使用磨浆机时，要注意磨盘间距。间距过大，磨出的浆质地粗糙；间距过小，容易损坏磨盘。

3. 搅拌机

搅拌机有立式、卧式两种。现餐饮行业常用立式多功能搅拌机，它主要包括机身、不锈钢桶、搅拌头三部分（图2-9）。一般备有三种搅拌头，网状搅拌头用于搅拌蛋液或糖浆；片状搅拌头用于搅拌奶油或馅心；钩状搅拌头用于搅拌面团。扳动调节手柄可以根据不同搅拌内容调节搅拌速度。台式小型搅拌机一般用于搅打鲜奶油。

图 2-8　磨浆机

图 2-9　搅拌机

（二）成形设备

1. 案台

案台（图 2-10）又称案板，是手工制作面点的工作台。制作面点时，和面、搓条、出剂、擀皮、成形等一系列工序，基本上都在案台上完成。案台有木质案台、不锈钢案台、大理石案台等，其中以木质案台最适用。

不锈钢案台　　　　　　　　木质案台
图 2-10　案台

2. 压面机

压面机（图 2-11）的主要功能是将调制好的面团通过压辊之间的间隙，压成所需厚度的皮料。反复压制面团，有助于面团面筋的扩张，理顺面筋纹理，改善面团结构。卧式压面机还可以用于清酥类点心制作的开酥工艺，以降低劳动强度，提高产品质量。

3. 饺子成形机

目前，国内生产的饺子成形机为灌肠式饺子机（图 2-12）。操作时将和好的面、馅分别放入面斗和馅斗中，在各自"绞龙"的推动下，将馅充满面管形成"灌肠"，然后通过滚压、切断，制成单个饺子。操作饺子成形机时要注意面团、馅心的湿度，注意调整

图 2-11　压面机

皮、馅的比例。

4. 月饼成形机

月饼成形机（图2-13）适合广式月饼的成形。其原理是将和好的面团和馅心分别放入面斗和馅斗中，然后通过面盘、馅盘分料包裹，再冲压成形。用它加工制作的产品具有大小一致、重量均匀、花纹清晰等特点。

图 2-12　饺子成形机

图 2-13　月饼成形机

此外，成形设备还有分割机、挤注成形机、面条机等。

（三）成熟设备

1. 烘烤炉

烘烤炉适用于烘烤类制品。烘烤炉有隧道式烤炉、旋转式烤炉、柜（箱）式烤炉，前两种适合大批量生产，目前餐饮行业常用的是柜（箱）式烤炉（图2-14）。按能源来源，柜（箱）式烤炉可分为煤气烤炉、天然气烤炉、燃油烤炉、电烤炉。电烤炉又可分为远红外电烤炉与电热丝电烤炉，目前使用较多的是以远红外辐射为主的电热烤炉。远红外加热技术，主要是利用物质易于吸收远红外线（波长在 $3 \sim 1\,000\ \mu m$ 的电磁波）的特点，通过远红外加热元件，将能量直接辐射到被加热物体上，引起分子共振而使之迅速升温，达到快速加热的目的。远红外加热技术具有节能、效率高、快捷的特点。

2. 微波炉

微波炉（图2-15）是近年来发展起来的一种新型加热设备。微波是指频率在 $300 \sim 300\,000\ MHz$，介于无线电波与红外线波之间的超高频电磁波。微波加热是通过微波元件发出微波能量，用波导管输送到微波加热器，使被加热的物体受微波辐射后引起分子共振产生热量，从而达到加热烘烤的目的。微波加热具有加热时间短、穿透能力强的特点。微波炉没有"明火"现象，制品成熟过程缺少糖类的焦糖化作用，色泽较差。

图 2-14 烘烤炉

图 2-15 微波炉

3. 平炉

平炉（图 2-16）也称电煎炸锅，主要用于面点的煎、炸，现普遍采用远红外辐射加热技术。平炉的炸锅一般由不锈钢或不沾涂料制成，配有滤油网，可调节温度，具有使用便捷、清洁卫生、移动方便等特点。

4. 蒸煮灶

蒸煮灶（图 2-17）适用于蒸煮等熟制方法。蒸煮灶有两种，一种是明火蒸煮灶，是利用明火加热，锅中的水沸腾产生蒸汽，将生坯蒸煮成熟；另一种是以电为能源的远红外电蒸锅，其利用远红外电热管将锅中水加热沸腾，达到蒸煮的目的。

除上述几种以外，成熟设备还有电磁灶、煎焗灶等。

图 2-16 平炉

图 2-17 蒸煮灶

二、常用工具

面点的制作，很大程度上要依赖各式各样的工具。因各地方面点在品种以及制作方法上有较大的差别，因此使用的工具也有所不同。按面点的制作工艺分类，制作工具可分为制皮工具、成形工具、成熟工具、其他工具。

（一）制皮工具

1. 面杖

面杖（图 2-18）是制作皮坯时不可缺少的工具。面杖有粗细、长短之分。擀制面条、馄饨皮所用的面杖较长，用于油酥制皮或擀制烧饼的面杖较短。

2. 通心槌

通心槌（图 2-19）又称走槌，形似滚筒，中间空，供手杖插入轴心，使用时来回滚动。由于通心槌自身重量较大，擀皮时可以省力，是擀大块面团的必备工具，如用于大块油酥面团的起酥、卷形面点的制皮。

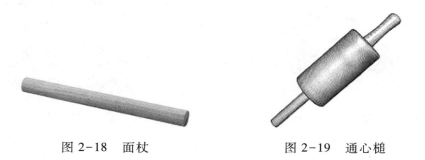

图 2-18　面杖　　　　　　　　图 2-19　通心槌

3. 单手棍

单手棍（图 2-20）又称小面杖，一般长 25~40 cm，有两头粗细一致的，也有中间稍粗的，是擀制饺子皮的专用工具，也常用于面点的成形，如酥皮面点的成形。

4. 双手杖

双手杖（图 2-21）又称手面棍，一般长 25~30 cm，两头稍细，中间稍粗，使用时两根并用，双手同时配合进行，常用于烧卖皮、饺子皮的擀制。

此外，还有橄榄杖、花棍等制皮工具。

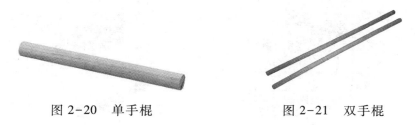

图 2-20　单手棍　　　　　　　　图 2-21　双手棍

（二）成形工具

1. 印模

印模（图 2-22）多以木质为主，刻成各种形状，有单凹和多凹等多种规格，底部面上刻有各种花纹图案及文字。坯料通过印模成形，形成图案、规格一致的精美面点，如广式月饼、绿豆糕、晶饼、糕团。

2. 套模

套模又称花戳子，用钢皮或不锈钢皮制成，形状有圆形、椭圆形、菱形以及各种花鸟形状，常用于制作清酥坯皮面点、甜酥坯皮面点及小饼干。

3. 模具

模具（图2-23）也称盏模，由不锈钢、铝合金、铜皮制成，形状有圆形、椭圆形等，主要用于蛋糕、布丁、派、挞、面包的成形。

图2-22　印模　　　　　　　　　　　　图2-23　模具

4. 花嘴

花嘴（图2-24）又称棱花嘴、棱花龙头，用铜皮或不锈钢皮制成，有各种规格，可根据图案、花纹的需要选用。花嘴在运用时是将浆状物装入挤袋中，挤注时通过花嘴形成所需的花纹。如蛋糕的裱花、奶油曲奇裱花。

5. 花钳和花车

花钳（图2-25）一般用铜片或不锈钢片制成，用于各种花式面点的钳花造型；花车是利用花车的小滚轮在面点的平面上留下各种花纹，如豆蓉夹心糕、苹果派。

图2-24　花嘴　　　　　　　　　　　　图2-25　花钳

（三）成熟工具

成熟工具主要是与成熟设备相配套的工具，如烤盘、煮锅、炒勺、笊篱、锅铲。

（四）其他工具

其他工具主要有刮刀、抹刀、锯齿刀、粉筛、打蛋器、毛刷、馅挑、小剪刀等。

三、设备、工具的使用与保养

面点制作的设备和工具种类较多，性能、特点、作用各不相同，生产者要想使各种设备和工具在操作、使用中发挥良好的效能，就要正确掌握它们的使用方法，对各种设备和工具妥善地保管和养护。

（一）熟悉设备工具性能，掌握正确的使用方法

使用设备工具时，要熟悉其性能，才能正确使用，发挥设备工具的最大效能。特别在使用机器设备时，在未学会操作方法以前，切勿盲目操作，以免发生安全事故或损坏机件。在操作时，注意力必须集中，专心操作，才能避免事故的发生，确保人身安全。

（二）做好设备工具的卫生和养护工作

面点是直接入口的食品，其卫生状况关系到人们的身体健康。在生产过程中除了必须做好个人的清洁卫生外，对所用的设备、工具的清洁卫生也不可忽视，特别是一些成熟后还要进行工艺加工的食品，如果接触了不洁器具，就会造成污染。

1. 保持用具清洁，严格杀菌消毒

所用的案板、面杖、刀具，以及盛放原料或半成品的盆、钵、桶等，用后必须洗刷干净、干燥。对一些容易滋生细菌的物品，如笼布、抹布、挤袋，用后要放入沸水中蒸煮，漂洗干净后干燥，保持洁净。用于熟食加工的用具，要严格杀菌消毒。

2. 机器设备使用后，要擦洗干净，保持干燥

机器设备在使用后，要擦洗干净，特别是对卫生死角，要注意清理。对于能拆洗的零部件，如绞肉机的绞刀、搅拌机的搅拌头，要洗净、擦干。这样，才能符合卫生要求，才能确保机器设备正常运转。

3. 生熟食品用具，必须严格分开

用来盛装生料的器具，不应盛装熟制品；用于加工生料的工具，不应用来加工熟制品。要做到生熟食品用具严格分开，避免熟制品受污染。

（三）定点存放，编号登记

制作面点的工具种类繁多，一般可按制皮工具、成形工具、成熟工具、其他工具归类存

放，有条件的应编号登记，以便做到随用随有。如果把面杖、粉筛、刀剪、锅勺、裱花嘴之类工具混放一起，不仅使用时不方便，而且粉筛易被划破，面杖易被磨伤。

任务 2.4 面点制作基本要求

一、操作间卫生整理

（1）操作间干净、明亮，空气畅通，无异味。

（2）全部物品摆放整齐。

（3）机械设备（和面机、压面机、绞肉机）、工作台、工具（面杖、刀具、秤等）、容器（盆、碗等）做到木见本色，不锈钢见亮光，保证没有污物。

（4）地面要求每次清洗，灶具做到每日打扫。

（5）毛巾每次操作后严格消毒，并晾干。

（6）冰箱内外保持清洁、无异味，物品摆放有条理、有次序。

二、面点操作间的卫生制度

（1）进入面点间的所有人员必须严格执行《食品安全法》中的有关规定，把好卫生关。

（2）必须讲究个人卫生，达到着装标准、工作服清洁、无污渍。

（3）面点间的食品存放必须生熟分开，成品与半成品分开，并保持容器的卫生。

（4）随时注意案台、地面及室内各种设备用具的清洁卫生。保持良好的工作环境。

（5）每天操作完后必须做好班后清洁工作。操作工具、容器、设备必须做到干净、整洁。

三、个人着装要求

要求：干净、整齐，工作服穿戴整洁，不露发迹，系好风纪扣。不留长发、长指甲，不戴首饰，女生不染指甲、不化浓妆。

四、对面点制作人员的基本要求

对面点的制作者有严格的技术要求。有些面点品种的制作工艺比较复杂，所用时间较长，有些面点品种还需要提前做好准备，大量制作时有一定的劳动强度。为适应这些特点，面点制作者必须符合以下要求：

（1）加强体育锻炼，增强体质，以适应高强度劳动的要求。

（2）掌握正确的操作姿势和熟练的操作手法，以减轻劳动强度。

（3）熟悉常用面点原料的特性，各类面团的性质及调制技巧，各种工具的性能及正确使用方法。

（4）操作过程中要精力集中，手脑并用，动作敏捷、干净利落，保证制品的质量要求，做到精益求精，保证食品卫生，以及操作安全。

五、掌握面点制作基本技术的重要性

1. 掌握面点制作基本技术是学习各类面点制作技术的前提

各类面点制作技术的基础操作在表现形式上是基本相同的。例如，粉类品种的制作几乎都需要和面、揉面、搓条、分坯等操作技术；包馅类品种在制作时都要用到制皮、上馅、包捏成形等技术。因此，掌握面点制作基本技术是学好各类面点制作技术的前提。

2. 掌握面点制作基本技术是保证成品质量的关键

基本技术正确与否及熟练程度如何可直接影响面点制作的效率和质量。例如，面团软硬度调制得是否合适、制皮的薄厚是否符合制品的要求，都将直接影响下一道操作工序能否顺利进行。目前面点制作仍以手工制作为主，要使制品达到标准、符合规格，关键在于基本技术要过硬。

👆 **知识链接**

面条的沿革

面条是我国主食食品，有时也可作为点心、小吃，是将面粉加水制成细长条、宽条、长薄片形状。面条目前普遍认为是起源于汉代，是在汤饼、索饼的基础上发展起来的，迄今已有两千年历史。汉代时，所有的面食都称"饼"，在"汤"中煮熟的称"汤饼"。早期的汤饼呈片状。历魏晋南北朝至唐宋，"汤饼"方演变成细条。又汉末刘熙《释名·释饮食》中记有"索饼"，古代学者也有认为是面条的。魏晋南北朝时期（220—589年），出现了"水引饼"（又称水引面）。据《齐民要术》记载，这是一种长一尺，"薄如韭叶"的水煮面食，类似阔面条。唐代，出现了称为"冷淘"的过水凉面，以及多种用于食疗的"素饼"。宋、元时期，中国面条制法渐多，品种也多了起来。据孟元老《东京梦华录》

记载，北宋汴京市场上的面条名品有十多种，其中有素面、四川风味的插肉面、大㸆面和南方风味的桐皮熟脍面。

另据吴自牧《梦粱录》记载，南宋临安市场上的面条更多达三四十种，有炒面、煎面、㸆面及多种浇头面。元代，出现了可以久储的"挂面"。明、清时期，除面条的花色品种更加丰富外，出现了"抻面""刀削面"等制法特殊的品种。抻面开始称为"扯面"，明代宋诩的《宋氏养生部》有记载，是将揉好的面团用双手拉长，缠绕在手指上抻细而成。到清代，抻面技术已迅速发展，据《素食说略》记载，不仅可以拉成细条，还可以拉成三棱形或中空形的面条，以山西、陕西、山东一带制作的最为出色。"刀削面"在《素食说略》中也有记述，是将面团用快刀削成长薄片入沸水锅中煮成，再加调料食用，具有特殊风味，以山西省制作的为最佳。近数十年，尤其是近十年来，我国的面条在继承传统技艺的基础上又有所创新，随着"方便面"等新品种的问世，中国面条进入新的发展阶段。

中国面条由于制条方法、成熟方法、调味方法的多样化及综合运用，出现数以千百计的品种。如今，北京有打卤面，杭州有虾爆鳝面，扬州有伊府面，上海有开洋葱油面、阳春面，陕西有臊子面，山西有刀削面，山东有福山拉面，武汉有热干面，四川有担担面，兰州有清汤牛肉面，广州有馄饨、面条合在一起的云吞面，台湾有度小月担仔面、鳝鱼伊面……均属名品。

面条一年四季可食。但有些地区有专门在春节、夏至食面条的习俗，是古代一种祭祀的遗风；更多地区的人们有在过生日吃面条的习俗，含有追求长寿之意。据记载，中国的面条在古代陆续传入意大利及日本、朝鲜等国，外国学者认为，全世界面条的"根"都在中国。

（选自《中国烹饪百科全书》，北京：中国大百科全书出版社，1995）

项目小结

本项目主要介绍了制作面点的基本工艺流程；重点学习了面点原料知识，面点原料的分类、性质、质量鉴别和使用方法。熟悉和正确使用制作面点的原材料，是学好面点技艺的基础，要重点掌握各种粉料的特性和选择方法，了解糖、油脂、蛋、乳等辅料对面团性质的影响，食品添加剂在面团膨松、调节口味、增添色彩等方面所起到的作用。本项目还要求通过实践熟悉和掌握面点制作常用设备和工具，重点掌握搅拌机、压面机、电烤箱等设备的操作使用、维护方法，以及制皮、成形工具的使用。

练习与拓展

一、填空题

1. 面粉的成分有_____、_____、脂肪、矿物质和_____。

2. 面筋蛋白质是指麦胶蛋白质和_____。

3. 面筋具有延伸性、_____、_____和可塑性等物理性质。

4. 淀粉可分为直链淀粉和_____两种，其中_____溶于热水中形成黏度较小的溶液。

5. 影响面筋生成率的因素有：_____、_____、_____、_____、_____、_____等。

6. 米粉的磨制可分为_____、_____和水磨粉，其中以_____粉质最为细腻。

7. 蛋白是_____性，具有良好的发泡性，搅打时加入_____可增强蛋白的发泡性和稳定性。

8. 果品的分类可分为_____、_____、_____和_____。

9. 苹果、梨等水果切开后，果肉不久就会变色，可采用_____的办法避免。

10. 调制五仁馅常用的五仁是_____、_____、_____、_____和_____。

11. 面点制作中常用的酸味剂有_____和_____等。

12. 食盐在面点制作中的作用有调节口味、_____、改进产品的色泽_____的作用。

13. 面点生产中的膨松剂可分为两大类，一类是_____，另一类是_____。

14. 面点生产中常用的化学膨松剂有_____、_____、_____、_____等。

15. 面点生产中常用的凝胶剂有_____、_____和果胶。

16. 面点中常用的成熟设备有_____、_____、_____、_____等。

17. 面点中常用的制皮工具有_____、_____、_____、_____等。

18. 面点中常用的成形工具有_____、_____、_____、_____、花钳和花车。

19. 个人着装要求要求_____、_____，工作服穿戴整洁。

20. 明胶是从动物的_____和_____中提取的高分子多肽物质。

二、选择题

1. 和面的常用手法有（　　　）。

A. 抄拌法　　　　　　B. 调和法　　　　　　C. 搅和法　　　　　　D. 挤注法

2. 揉面的主要技术动作有（　　　）。

A. 揉制法　　　　　　B. 捣制法　　　　　　C. 擀制法　　　　　　D. 擦制法

3. 食糖在面点中的作用主要有（　　　）。

A. 增加甜味　　　　　B. 改进色泽　　　　　C. 调节口味　　　　　D. 增加面团劲力

4. 能提高面团筋性的原料是（　　　）。

A. 白砂糖　　　　　　B. 油脂　　　　　　　C. 食盐　　　　　　　D. 澄粉

5. 能作为填充作用的淀粉是（　　　）。

A. 澄粉　　　　　　　B. 面粉　　　　　　　C. 米粉　　　　　　　D. 玉米粉

6. 制作豆沙馅的原料是（　　　）。

A. 大豆　　　　　　　B. 绿豆　　　　　　　C. 赤豆　　　　　　　D. 蚕豆

7. 具有良好乳化性的原料是（　　　）。

A. 花生油　　　　　　B. 奶油　　　　　　　C. 蛋黄　　　　　　　D. 糖粉

8. 面筋蛋白质是指麦胶蛋白质和（　　　）。

A. 麦谷蛋白质　　　　B. 麦清蛋白质　　　　C. 麦球蛋白　　　　　D. 醇溶蛋白

9. 面筋具有延伸性、弹性、可塑性和（　　　）等性质。

A. 酥松性　　　　　　B. 韧性　　　　　　　C. 凝固性　　　　　　D. 流散性

10. 米粉的磨制可分为干磨粉、湿磨粉（　　　）。

A. 粗磨粉　　　　　　B. 糯米粉　　　　　　C. 水磨粉　　　　　　D. 黏米粉

11. 大米所含的蛋白质主要是谷蛋白和（　　　）。

A. 醇溶蛋白　　　　　B. 麦清蛋白质　　　　C. 麦谷蛋白质　　　　D. 球蛋白

12. 米粉因为没有面筋和其淀粉酶的活性低的原因，不常用于进行调制（　　　）制品。

A. 油酥面团　　　　　B. 发酵面团　　　　　C. 混酥面团　　　　　D. 水调面团

13. 生产面点常用的糖有食糖、饴糖、淀粉糖浆等，都具有易溶性和（　　　）。

A. 可塑性　　　　　　B. 渗透性　　　　　　C. 延伸性　　　　　　D. 流散性

14. （　　　）在面点制作中具有防止上浆制品发砂的作用。

A. 饴糖　　　　　　　B. 冰糖　　　　　　　C. 葡萄糖　　　　　　D. 淀粉糖浆

15. 人造奶油是天然奶油的代用品，一般采用精炼（　　　）油为原料，经过加氢使之成为固体，然后添加水、香精、乳化剂、食盐制成。

A. 植物　　　　　　　B. 动物　　　　　　　C. 矿物质　　　　　　D. 磷脂

16. 蛋主要是由蛋壳、蛋清、蛋黄三部分组成，其中呈碱性的是（　　　）。

A. 蛋壳　　　　　　B. 蛋白　　　　　　C. 蛋黄　　　　　　D. 胚胎

17. 乳本身是一种良好的（　　　），能改进面团的胶体性能，促进面团中水和油的相互混合。

A. 发泡剂　　　　　B. 保鲜剂　　　　　C. 乳化剂　　　　　D. 凝结剂

18. 只存在于哺乳动物和人的乳汁中的糖是（　　　）。

A. 葡萄糖　　　　　B. 饴糖　　　　　　C. 乳糖　　　　　　D. 淀粉糖浆

19. 面点生产中的膨松剂分为化学膨松剂和（　　　）两大类。

A. 碱性膨松剂　　　B. 复合膨松剂　　　C. 生物膨松剂　　　D. 酸性膨松剂

20. 在加热时，受热后生成气体最多的膨松剂是（　　　）。

A. 泡打粉　　　　　B. 臭粉　　　　　　C. 小苏打　　　　　D. 明矾

21. 不适宜在重糖、重油面团中使用的膨松剂是（　　　）。

A. 小苏打　　　　　B. 泡打粉　　　　　C. 酵母　　　　　　D. 臭粉

22. 微波炉的主要特点有（　　　）。

A. 加热、干燥时间比较短　　　　　　B. 穿透能力强

C. 便于控制　　　　　　　　　　　　D. 如有漏波，对人体细胞有一定杀伤作用

23. 下列工具属于制皮工具的是（　　　）。

A. 案台　　　　　　B. 搅拌机　　　　　C. 面杖　　　　　　D. 模具

24. 下列属于凝胶剂的是（　　　）。

A. 琼脂　　　　　　B. 薄荷油　　　　　C. 吉士粉　　　　　D. 香兰素

25. 下列属于天然色素的是（　　　）。

A. 柠檬黄　　　　　B. 姜黄素　　　　　C. 苹果绿　　　　　D. 胭脂红

26. 属于生物膨松剂的是（　　　）。

A. 明矾　　　　　　B. 食用碱　　　　　C. 臭粉　　　　　　D. 酵母

27. 米粉按加工方法分为（　　　）、湿磨粉、水磨粉。

A. 粳米粉　　　　　B. 干磨粉　　　　　C. 糯米粉　　　　　D. 籼米粉

28. 成形的准备有搓条、（　　　）制皮、上馅等操作过程。

A. 和面　　　　　　B. 成熟　　　　　　C. 下剂　　　　　　D. 搅拌

29. 面筋是蛋白质吸水膨胀形成的，含水量在（　　　），称为湿面筋。

A. 65%～75%　　　B. 55%～65%　　　C. 45%～55%　　　D. 55%～65%

30. 水磨粉的优点是（　　　），成品柔软滑润，用途较广。

A. 粉质光滑　　　　B. 粉质粗糙　　　　C. 粉质细腻　　　　D. 粉质光泽

三、判断题

(   ) 1. 和面是在粉质原料中加入水，经拌和并使之成团的一项技术。

(   ) 2. 揉的方法只适合于水调面团。

(   ) 3. 搓条是将和好的面团搓拉成粗细均匀、圆滑光润的面团的一项操作技术。

(   ) 4. 运用单手杖擀的皮适用于包制水饺、小笼包、蒸饺。

(   ) 5. 上馅是包馅品种必不可少的工序，也是制皮后和成形前的一道工序。

(   ) 6. 面点原材料就是指可供制作各种面点产品的原料和材料。

(   ) 7. 当面粉中的优等面筋含量较多时，通常称为低筋面粉。

(   ) 8. 食糖不仅使制品具有甜味，而且能调剂面筋胀润度。

(   ) 9. 馅糖在面点制作中具有防止上浆制品发砂、发炸的重要作用。

(   ) 10. 生物膨松剂多用于糖量、油量较大需经发酵的面点制品。

(   ) 11. 面点生产中的化学膨松剂只要能产生气体，价格低廉就行。

(   ) 12. 复合膨松剂产生气体的原理是发生酸碱中和反应产生二氧化碳。

(   ) 13. 凡在面团中能产生气体，而不产生任何有害成分的微生物都可作为生物膨松剂用于面点的发酵。

(   ) 14. 最适宜酵母发酵的温度是 22 ℃。

(   ) 15. 酵母是以糖作为营养物质，故面团中用糖量越大，面团发酵越快。

(   ) 16. 远红外线加热就是利用被加热物体所吸收的辐射元件发出的远红外线，直接转变为热能而使用物体身发热升温，从而达到加热干燥的目的。

(   ) 17. 微波是指频率在 300～300 000 MHz，介于无线电波与光波之间的超高频电磁波。

(   ) 18. 只要切断微波炉电源，就可停机，无"余热"现象。

(   ) 19. 天然色素主要是指从动物中提取的物质，具有色泽鲜艳、着色力强的特点。

(   ) 20. 凡能增加食品的香气、改善食品风味的物质都可称为赋香剂。

四、思考题

1. 食糖在面点制作中有哪些作用？

2. 食用油脂在面点制作中有哪些作用？

3. 蛋在面点制作中有哪些作用？

4. 在面点制作中，使用化学膨松剂时应注意哪些事项？

五、案例分析

1. 小王在制作面包时，每做一次就失败一次，面包发不起来。不仅造成一定的经济损失，而且影响了西饼屋的声誉。经请教师傅后得知，是他用错了面粉所致。请问制作面包应选用什么样的面粉为好？

2. 现有三个玻璃瓶内分别装有泡打粉、小苏打和臭粉，但瓶外均无标签注明。如何用感官鉴定法加以区别？

六、实践拓展

1. 了解并掌握搅拌机的启动和操作技能。

2. 了解并掌握压面机的启动和操作运行技能。

3. 了解并掌握电烤炉（箱）的启动和操作运行技能。

4. 熟悉并掌握面点制作工艺中常用的工具。

5. 了解并掌握操作间的卫生要求。

项目3 面团调制技艺

项目描述

　　中式面点在制作过程中，面团调制是面点制作的第一道工序，是一项非常重要的技艺，是面点制作的入门技术。它与成品的制作和特色的体现有直接的关系，具有相当重要的作用。本项目对中式面点在水调、膨松、油酥、米粉等面团的调制方法、面团的特性及形成原理进行阐述，便于学生更好地掌握面团调制技艺。

学习目标

- 了解面团调制的重要意义。
- 学会水调、膨松、油酥、米粉等面团的调制方法。
- 掌握主要面团的特性及其形成原理。

　　面团，是指粮食类的粉料与水、油、蛋、糖以及其他辅料混合，经调制使粉粒相互黏结而形成的用于制作面点半成品或成品的均匀的团、浆坯料的总称。面团的形成过程一般称为面团调制。

　　面团调制是面点制作的第一道工序。它是面点制作的入门技术，与成品的制作和特色的体现有直接的关系，主要有以下五大作用。

一、为成形工艺提供适用的面团

　　粮食粉料和辅料之所以能够相互黏结成团，是因为粉料中含有的淀粉、蛋白质等成分，具有同辅料（水、油、蛋等）结合在一起的条件，而调制方法也起了重要的作用。仅把粉料和各种物料掺在一起，不加调制是不会自然成团的，只有在掺和后，经过适当的方法调制处理，才可能成为面团。如面粉和油脂调和时一定要揉擦，只有通过揉擦，增大了油脂润滑面积，增强了油脂的黏性，才使粉粒粘连而形成团块。同时，对相同的粉料和相同的辅料，采取不同方法调制，可以形成不同的面团。例如，用蛋与面粉调制成面团，既可以调制出膨松的用来制作蛋糕的面团，也可以调制出不膨松的用来制作蛋面的面团。此外，各种粉料所含的淀粉、蛋白质的差异，各种辅料性质的不同（包括水的温度高低），投量的多少等都会影响面团的粘连与结合。只有根据成品的要求采用适当的原料和相应的调制方法，才能得到成形工艺所适用的各类面团。

二、确定面点品种的基本口味

面点品种的口味，来源于两个方面。一是原料本身之味，即本味；二是外来添加之味，即调味。面团在加工调制时，加入了辅料，形成了面点品种的基本口味。如糖年糕、蛋糕等品种的口味，都是在调制面团时就确定的。

三、形成成品的质感特色

成品的特色，主要包括三个方面，即口味特色、形态特色和质感特色。形成质感特色是面团调制的主要目的之一，也是形成品种风味的关键。在面团调制的工艺操作过程中，可以实现成品的松、软、糯、滑、膨松、酥脆、分层等各种不同质感，如馒头的松软、膨大，水饺的润滑，汤圆的软糯，酥饼的香酥、松脆。

四、通过面团的调制丰富面点的品种

由于运用原料的不同，调制方法的不同，所形成的面团性质也不一样，这样就大大丰富了面点的品种。

五、提高成品的营养价值

每种食物原料中所含的人体需要的营养成分是不全面的，根据营养学的观点，提高食物营养价值的有效方法是合理进行原料组合，以达到营养成分的互补。在面团调制中，将不同的原料，根据品种生产的要求，合理地进行配合，这是面团调制的主要工艺内容。这一工艺操作的意义远远超过了制作工艺的要求，它对提高成品的营养价值具有更重要的意义。因此，在调制面团的过程中，进一步探索原料的合理组合，寻求提高食品营养价值的方法，具有深远的意义。

调制面团时由于采用了不同的原料和不同的工艺，所以形成了各种不同的面团。行业中按面团的属性一般分为水调面团、膨松面团、油酥面团、米粉面团和其他面团五大类。

任务 3.1　水调面团调制技艺

水调面团，是指在面粉中加入适量水（有些加入少量辅料，如食用盐、食用碱）调制而成的面团。这种面团的一般特点是：组织严密，质地坚实，内无蜂窝孔洞，体积也不膨胀，故又称为"死面""呆面"，但其富有筋性、韧性和可塑性。成品爽滑、筋道（有咬劲），具有弹性而不疏松。这类面团在餐饮业应用普遍，品种繁多。

一、水调面团的调制方法

水调面团调制一般经过配料、下粉、掺水、拌和、揉面、醒面等过程。水调面团由于调制面团的水温不同，面团形成的性质和用途也不相同。按水温的高低可分为冷水面团、温水面团和热水面团。冷水面团主要适于制作面条、水饺、春卷等；温水面团主要用来制作花式蒸饺、三杖饼等；热水面团主要适于制作虾饺、烧卖等。

（一）冷水面团调制方法和操作要领

1. 冷水面团调制方法

冷水面团调
制技艺微
视频

冷水面团是用 30 ℃ 以下冷水调制而成的面团。其特点是：面团的筋性好、韧性强、质地坚实、劲力大、延伸性强，成品色白、滑爽而筋道。冷水面团的调制方法是：先将面粉倒在案板上（或和面缸里），在面粉中间用手扒个圆坑，加入冷水（水不能一次加足，可少量多次掺入，防止一次吃不进而外溢），用手从四周慢慢向里抄拌面粉，至呈雪花片状（有的称葡萄面、麦穗面）后，再用力反复揉搓成面团，揉至面团表面光滑并已有筋性且不粘手为止，然后盖上一块洁净湿布，静置一段时间（饧面）备用。

2. 冷水面团的操作要领

（1）水温适当。必须使用冷水调制，才能保证冷水面团的特点。冬季调制时，可用微温的水（水温在 30 ℃ 以下）；如在夏季调制，不但要使用冷水，还要在水中放些冰块或冰水，以降低水温。必要时可适当掺入少量的盐，以提高面筋的强度和弹力，并促使面团组织紧密，色泽变得更白。

（2）使劲揉搓。在和面时，当面粉抄拌成为雪花片状后，要用力捣搋，促使其结合均匀；还要反复使劲揉搓，揉到面团十分光滑、不粘手为止。有些特殊品种，如抻面、春卷皮，要求面团调制得更均匀，因此揉搓以后还要摔面，搋面。

（3）掌握掺水比例。掺入冷水时，一般要分次掺入，防止一次吃不进而外溢。掺水量主要根据成品需要而定，从大多数品种来看，面粉和水的比例约为2：1。用于做水饺的面团，面粉与水的比例为1：（0.4～0.45）；刀削面要求面团更硬实，面粉与水的比例为1：（0.3～0.35）；抻拉面稍软，面粉与水的比例为1：（0.5～0.6）；春卷面则为1：（0.7～0.8）。影响掺水量的因素很多，很难作统一的规定，而要根据具体情况灵活运用。如面粉本身含水量多少、天气的冷热和空气湿度大小的影响，都要加以考虑。例如，干爽的面粉，吸水量较多；较潮的面粉，吸水量较少；天气热，空气湿度大，掺水量要少一些；天气冷，空气湿度小（干燥），掺水量就要多一些。不清楚吸水率时，最好先做一下试验，再决定掺水量。要在实践中，不断摸索它的规律，以便正确掌握掺水量。

（4）静置饧面。面团调制以后，一定要放在案板上，盖上洁净湿布（或保鲜膜），静置一段时间，这个过程称为"饧面"。这是保证面团质量的一个重要环节。饧面的主要作用是使面团中未吸足水分的粉粒有一个充分吸水的时间，这样面团中就不会再夹有小硬粒或小碎片。这不仅可使面团均匀，而且能更好地提高面团的弹性和光滑度，使其滋润，制出成品也更爽口。饧面时间一般为10～15 min，有时也可达到30 min左右。饧面时必须加盖湿布（或保鲜膜），以免风吹后面团产生结皮现象。

（二）温水面团调制方法和操作要领

温水面团是用50 ℃左右的温水调制而成的面团。其特点是：面团色白，有韧性，筋性比冷水面团稍差，富有可塑性，成品不易走样，口感软滑适中。其调制方法和操作关键与冷水面团基本相同，但由于温水面团本身的特点，在调制中特别要注意以下操作要领：

（1）水温要准确。以50 ℃左右为宜，最高不能超过60 ℃，水温过高或过低都会影响温水面团的可塑性。

（2）要散尽面团中的热气。因为用温水调制面团，面团内有一定的热气，这种热气对制作成品不利。所以初步成团后，要将面团在案板上摊开或切开，让热气散尽，完全冷却，再揉和成团，这样才能保证成品的质量。

（三）热水面团调制方法和操作要领

热水面团又称开水面团，是用70 ℃以上的热水调制而成的面团。其特点是：黏、糯、

项目3 面团调制技艺

柔软，没有劲力，成品色泽较差，口感细腻，略带甜味。根据这一特点，在调制过程中，要注意以下操作要领。

（1）热水要浇匀。一般水温控制在 70~100 ℃，常用的方法是将面粉摊在案板上，中间开一大坑，将热水均匀浇在面粉上，边浇边拌和（用工具拌），水浇完后，便可和面。这样面粉颗粒均匀吸水、均匀受热、均匀烫热而不夹生。如果要和较多面团，可在搅拌机里进行，更能保证面团质量（注：天气越冷，要求水温越高，和面动作越快）。

（2）洒上冷水揉面。热水和面，只是初步和面，当面团拌和到差不多需要揉面时，必须均匀地洒些冷水，然后揉成团、块。这样做，面团糯性更好，制成成品后，吃口糯而不粘牙（注：冷水的加入是十分有限的）。

（3）散发面团中的热气。将面摊开或切开，使面团内的热气散尽凉透，才能进一步把面团揉匀，否则热气都在其中，做出成品后，不但会结皮，更会造成表面粗糙、开裂，严重影响成品质量。面团揉匀即可，不可过度，以免上劲，影响烫面特点。

（4）掺水量要准确。热水面团的掺水量要准确，需掺入的水都应在调制过程中一次掺完、掺足，不能在成团后调整。因为成团后，如果面团太硬（掺水不足），则需补加热水再揉，面粉中颗粒成团，不可能像原先那样受热均匀，故很难揉匀；如果面团太软（掺水过多），则需重新掺粉再和，新加入的面粉颗粒不能均匀受热，从而影响面团性质。

二、水调面团的形成原理和性质

水调面团的特性是原料在与水的结合作用下所形成的，原料在不同水温的作用下，产生各种不同性质的面团。从冷水、温水、开水三种不同水温对面团成团的影响来看，原料之所以能与水在一定的水温下发生变化，主要是因为原料中所含的主要成分——淀粉和蛋白质具有不同的性质，在受到不同水温影响后可产生不同的现象。

（一）淀粉的性质

淀粉的性质在常温条件下基本没有变化，其吸水率低。例如水温在 30 ℃ 时，淀粉颗粒的吸水率和膨胀率很低，黏度变动不大，不溶于水，这就是冷水面团较硬，体积膨胀不大的原因。当水温升至 50 ℃ 左右时，淀粉颗粒的吸水率和膨胀率也很低，黏度也不高，但水温升至 53 ℃ 以上时，淀粉性质就发生了明显的变化，即可发生溶于水的膨胀糊化。如水温达 53 ℃ 以上时，淀粉颗粒就逐渐膨胀；水温达 60 ℃ 以上时，淀粉颗粒不但膨胀，而且进入糊化阶段，淀粉颗粒体积比常温下胀大数倍，吸水量增加，黏性提高，有一部分溶于水中；水温达 67 ℃ 以上时，淀粉颗粒大量溶于水中，成为黏度很高的溶胶；水温至 90 ℃ 以上，淀粉溶胶黏度越来越大。显然，淀粉在加热过程中的这些变化对调制面团有着重要的工艺价值。

由此可知，用冷水调制面团时，淀粉的性质基本上未变化。当用温水调制时，由于淀粉部分糊化，所以调制成的面团就柔软适中。而当用沸水或接近沸点的水调制时，由于淀粉的糊化作用，面团变得很黏柔，缺乏劲力，由于淀粉酶的糖化作用，使面团带有甜味。

（二）蛋白质的性质

蛋白质在常温条件下不会发生变性（这里指热变性），吸水率高。当水温在 30 ℃ 时，蛋白质能结合水分 150% 左右，经过揉搓，能逐渐形成柔软有弹性的胶体组织，俗称"面筋"。面筋中的蛋白质促进形成面筋网络，将其他物质紧密包住，而不发生什么变化，这时反复揉搓面团，面筋网络也逐渐扩大，面团就变得光滑、有劲，并有弹性和韧性，显现冷水面团的特点。当水温进一步升高时，情况则发生变化，蛋白质在 60~70 ℃ 时开始受热变性，即蛋白质凝固与淀粉糊化的温度相近，温度越高，时间越长，这种变性作用也越强。这种变性作用使面团中的面筋受到破坏，因而，面团的延伸性、弹性、韧性都逐步减退，只有黏度升高。因此，用高于 70 ℃ 的开水烫面，调成的热水面团就变得柔软、黏糯且缺乏劲力。而温水面团是用 50 ℃ 左右的温水调制的，这时蛋白质尚未变性，但由于一定热度的水温，面团中面筋的形成受到一定影响，因此，温水面团的劲力、韧性等都介于冷水面团和热水面团之间。

由此可见，只有清楚地了解了水调面团的形成原理，才能真正认识不同面团产生不同口感的原因，从而应用于实践操作中。

任务 3.2　膨松面团调制技艺

膨松面团，是在调制面团的过程中添加膨松剂或采用特殊膨胀方法，使面团发生生化反应、化学反应或物理反应，改变面团性质，产生许多蜂窝组织、使体积膨胀的面团。此类面团的特点是疏松、柔软，体积膨胀、充满气体，饱满、有弹性，制品呈海绵状结构。

面团要呈膨松状态，必须具备两个条件：第一，面团内部要有能产生气体的物质或有气体存在。面团的膨松过程就是面团内部膨胀，从而改变面团组织结构的过程。没有气体，面团就无法膨胀，产生气体是面团膨胀的首要条件。第二，面团要有一定的保持气体的能力。如果面团膨松无劲，那么面团内部已有的气体就会逸出，也就不能达到面团里的气体受热膨胀，使面团膨松的目的。

膨松面团根据其膨松方法的不同，大致可分为生物膨松面团（发酵面团）、化学膨松面团、物理膨松面团三大类。

一、生物膨松面团（发酵面团）的调制

生物膨松面团又称发酵面团，即是在面粉中加入适量发酵剂，用冷水或温水调制而成的面团。这种面团通过微生物和酶的催化作用，具有体积膨胀、充满气孔、饱满、富有弹性、暄软松爽的特点，行业上习惯称为"发面""酵面"，是食品业面点生产中常用的面团之一。但因其技术复杂，影响发酵面团质量的因素有很多，所以必须经过长期认真的操作实践，反复摸透发酵面团的特性，才能制作出多种多样的色、香、味、形俱佳的发面点心品种。

（一）发酵面团的种类和调制方法

发酵面团根据其所用发酵剂和调制方法的不同，大致可分为酵母发酵、面肥（又称老面、面种）发酵、酒和酒酿发酵三种。

1. 酵母发酵面团

酵母发酵就是选择用纯菌培养出的酵母调制面团，进行发酵。常用的酵母是由酵母厂生产制作的液体鲜酵母、固体鲜酵母和活性干酵母。

（1）液体鲜酵母　是将酵母的培养溶液除去废渣后形成的乳状酵母，含水量在90%左右，发酵力较均匀。由于其含水量较多，适宜随制随用。

（2）固体鲜酵母　又称压榨鲜酵母，是酵母菌培养成的酵母液，最后以冷冻的方式压榨制作而成，呈块状，淡黄色，有特殊香味，含水量在73%~75%。使用时，固体鲜酵母加入少量温水，调和成稀泥状，再加面粉与水调制成面团，即可发酵。这种酵母发酵力强而均匀。但须注意，加水调和后不可久置，否则因含水量高，易导致酸败变质。固体鲜酵母必须在低温下保藏。

（3）活性干酵母　是用低温干燥法（32~35 ℃）脱去一部分水分制成的颗粒状酵母。这种酵母含水量为8%~10%，色泽淡黄，具有清香味和鲜美滋味。使用时可直接和面，如在和面时加入少量食糖，发酵效果将更好。

用以上三种酵母发酵速度快，时间短，使用方便，并能保存面团中的营养成分，是各大型宾馆、饭店的首选发酵方式。

酵母发酵面团调制的一般工艺流程是：

$$面粉+水和酵母 \xrightarrow{调和} 面团 \xrightarrow{饧发} 发酵面团$$

2. 面肥（面种）发酵面团

面肥又称"老面""老肥""引子"等。这是利用隔天的发酵面团所含的酵母菌催发新酵母的一种发酵方法，即是将隔天所剩的发酵面团，加水调开后，放进面粉中揉和，使其发酵成新的膨松面团，如此周而复始地使用。用这种方法发酵，虽然发酵力差、速度慢，面团

会产生较强的酸味（必须用食用碱来中和），但由于面肥制作简便，成本低廉，在餐饮业、食堂及民间都被广泛应用。

面肥发酵面团调制的一般工艺流程是：

$$面粉+水和面肥 \xrightarrow{调和} 面团 \xrightarrow{饧发} 带酸味发酵面团+碱液 \xrightarrow{揉匀} 发酵面团$$

在一般情况下，面粉、水、面肥的比例为 1：0.5：0.05 左右，具体应根据水温、季节、室温、发酵时间等因素来灵活掌握。用面肥发酵的面团，因其发酵程度和调制方法的不同，一般可分为大酵面、嫩酵面、碰酵面、戗酵面、烫酵面。

（1）大酵面。大酵面即由面肥及水和成，经一次发足的面团。这种面团所制出的成品特别暄软、洁白、饱满，其用途最广。适于做馒头、大包、花卷等品种。调制这种面团时面粉与面肥的比例一般为 1：（0.1~0.3），发酵时间因气温高低而灵活掌握，一般为 3~5 h。

（2）嫩酵面。嫩酵面是指没有发足的发酵面团，即用水调面团加少许面肥，稍发后即用的面团。这种面团松软中带些韧性，且具有一定的弹性和延伸性。它的结构比较紧密，最适宜做皮薄、卤多、馅软的品种，如小笼包、蟹黄包。其调制方法与大酵面相同，只是发酵时间较短，只相当于大酵面发酵时间的 1/2 或 1/3，一般面团发起即可，使其既具有发酵面的膨松性质，又有水调面团的韧性。

（3）碰酵面。碰酵面，有的也称"抢酵面"。这种面团的调制方法是在面肥加入面粉后，根本无须发酵时间，随制随用。其用途与大酵面基本相同。用这种面团制作面点可节约时间，但从成品的质量来讲，不如大酵面洁白、光亮。调制碰酵面需用较多的面肥，面肥与面粉的比例一般为 2：1 或 1：1，面团膨胀程度与大酵面相似。它一般用于制作加糖的面制品及特殊形态的制品。

（4）戗酵面。戗酵面就是在酵面中掺入干面粉揉搓成团的发酵面团。这种面团因其戗制的方式不同也就形成不同的特色，一种方法是用兑好食用碱的大酵面，掺入 30%~40% 干粉调制而成，用它做出的成品吃口干硬、筋道、有嚼劲。如戗面馒头、高桩馒头。另一种是在面肥中掺入 50% 的干面粉调制而成，待面团发酵后再加碱加糖制作，其成品柔软、香甜、表面开花，没有嚼劲，如开花馒头、叉烧包。

（5）烫酵面。烫酵面即是把面粉用沸水拌和，拌成雪花状，待其稍冷后再放入老酵面肥揉制而成的面团。烫酵面团拌粉时因用沸水烫粉，所以其成品色泽较差，不白净。但这种面团制作的成品吃口软糯、爽口，较适宜制作煎、烤的品种，如黄桥烧饼、生煎包子。烫酵面的调制一般在和面缸或其他盛器内进行，在缸或盛器中加入面粉，将沸水倒入，面与水的比例为 2：1，用手将其拌成雪花状，稍凉后，不停地掇、捣、揉使其掇透、揉透，再加入面肥（面粉与面肥的比例为 10：3，视季节、发酵时间及品种而定），均匀地掇透即可。

3. 酒和酒酿发酵面团

在没有面肥的情况下，需要重新培养面肥。培养面肥的方法很多，常用的有白酒培养和酒酿培养。白酒（高粱酒）培养的方法是：每 500 g 面粉掺酒 100~150 g，掺水 200~500 g（夏天用冷水，春秋季用温水，冬季用热水）一起搅和，夏天发酵 4 h 以上，春秋 8 h，冬天 10 h 以上（如需加快速度，可放入烤箱或饧发箱中在 45 ℃ 左右的温度下发酵，速度可提升一倍左右），即可发酵为新面肥。酒酿培养，每 500 g 面粉掺酒酿 250 g 左右，加水量同上。揉成面团装于盒内，盖严，热天发酵 4 h 以上，冷天 10 h 以上，即可胀发成新面肥。用这种发酵方法制成的品种具有独特的酒香味，且营养丰富，在一些地方特色品种的制作中，特别是米制发酵品种中常常使用这种发酵方法。

（二）发酵面团的形成原理

酵母菌是一种单细胞微生物，种类很多。用于面团发酵的酵母菌，属于啤酒酵母菌的一种。这种酵母菌的特点是在适当的条件下菌体繁殖较快，发酵性能稳定可靠，很适和调制发酵面团。这种酵母菌在含糖的液体内能迅速繁殖，产生出一种复杂的有机化合物——酶（又称酵素），它能促使单糖分子分解成为乙醇和二氧化碳，同时产生热量。

经过发酵的面团与未经发酵的面团比较，有不少差别。发酵后的面团比较疏松，体积膨大，有酸味和酒香，也有一定的热量，这热量主要是由面团内引进酵母菌后发生复杂的生化变化产生的。这种变化主要有以下三个方面。

1. 淀粉酶的分解作用

面粉掺水调制成面团后，面粉中淀粉所含的淀粉酶在适当的条件下，活性增强，先把部分淀粉分解成麦芽糖，进而分解成葡萄糖（单糖），为酵母的繁殖和产生"酵素"提供了养分。如果没有淀粉酶的作用，淀粉不能分解为单糖，酵母无法繁殖。淀粉酶的分解作用，是酵母发酵的重要条件。

2. 酵母繁殖和产生"酵素"

酵母在面团中获得养分后，就大量繁殖和产生"酵素"。它们基本上是同时进行的，但因面团内气体成分和含量不同，生化变化也不相同，一方面是酵母菌在有氧条件下（即面团刚刚和成，面团内吸收了大量的氧气），利用淀粉水解所产生的糖类进行繁殖，产生大量二氧化碳并大多积存在面团内部。随着发酵作用的继续进行，二氧化碳量亦逐步增加，使面团体积膨胀，越发越大；另一方面是酵母菌在繁殖过程中产生更多的酶，使糖类分解为供应自体繁殖的养分，并在缺氧的情况下进行酒精发酵。当面团发酵到一定程度时面团内氧气逐渐耗尽，酵母菌在无氧的条件下，将葡萄糖转变成二氧化碳、酒精并释放出一定的热量。这个过程也就是静置发酵的过程，酵母菌繁殖的同时也是一个释放热量的过程。上面两种变化可以说明，发酵后期的面团带有一定酒香味并发热，发酵时间越长，面团中的热气就越多，面团就会逐渐变软。

3. 杂菌繁殖和酸碱中和

由于酵母（包括鲜酵母、干酵母）发酵是纯菌发酵，发酵力强，发酵时间短，杂菌不容易繁殖，所以一般不产生酸味，不用加碱中和（当然，发酵时间过长时，也会有酸味产生）。但如果用面肥发酵，面肥内除酵母菌外，还含有杂菌（醋酸菌等），在发酵过程中，杂菌也随之繁殖和产生氧化酶，把酵母发酵生成的酒精分解为醋酸和水。发酵时间越长，杂菌繁殖越多，氧化酶的作用越大，面团内的酸味就越重——这就是面肥发酵出现酸味的道理。

由此可见，用面肥发酵产生酸味不可避免，因此必须运用"酸碱中和"的原理在面团中加食用碱以去除酸味。具体地说，加食用碱后，食用碱与面团中杂菌产生的酸类物质结合，生成醋酸钠和碳酸，碳酸经加热再分解为二氧化碳和水，这样就去除了面团中的酸味。由此看来，加食用碱起着双重作用，一是去酸，二是辅助发酵，产生的气体和水使面团继续松发。从营养角度来看，加食用碱会破坏一些维生素。但全面衡量后，加食用碱仍有较大的实用价值。

（三）调制发酵面团的操作要领

1. 了解面粉的质量

（1）了解面粉中蛋白质的含量及其特性。面粉中的蛋白质在 30 ℃ 以下与水结合形成面筋网络，从而能保持气体并促进面团胀大。但若面粉中蛋白质含量过高，则生成的面筋网络较多，保持气体能力过强，反而会抑制面团胀大，延长发酵时间。目前市场上供应多种品牌面粉，质量各不相同，大致分为三种：高筋面粉（蛋白质含量较高，劲力较大的硬质粉）、低筋面粉（蛋白质较低，劲力较小的软质粉）和中筋面粉（面粉中蛋白质比例较均衡的中质粉）。应根据制品的需要采用不同的粉类。为了达到理想的发酵效果，用硬质粉发酵时，可适当提高水温，降低劲力，以利气体生成；软质粉在发酵时需降低水温，并加少许盐，以增强劲力，提高面团保持气体的能力。

（2）了解面粉中淀粉和淀粉酶的质量。酵母的繁殖需要淀粉酶将淀粉转化成单糖。若面粉已变质或已经过高温处理，淀粉酶的活性受到破坏，就会直接影响到酵母的繁殖，抑制酵母产生气体的能力。

2. 熟悉酵种的性能

（1）熟悉酵种的发酵能力。酵种的发酵能力直接影响着面团的发酵。酵种发酵能力强，则面团发酵速度快；酵种发酵能力弱，则面团发酵速度慢。用于发酵的酵母菌通常有液体鲜酵母、压榨鲜酵母和活性干酵母三种。前两者发酵能力较强，活性干酵母的发酵能力则不及前两者。

（2）熟悉酵种中酵母的含量。酵母的含量，对面团发酵的速度、时间有很大影响。一般来说，同一面团中酵母数量增加，面团发酵的速度也随之加快，发酵时间缩短；酵母数量减少，则面团发酵的速度减慢，发酵时间也延长。但酵母数量增加，不能超过一定限度，超过一定限度反而会抑制酵母的活性。以活性干酵母为例，用量一般占面粉的 2% 左右。另外，酵母数量过多，会影响成品的口感，并产生一股较难闻的气味。

3. 适当掌握掺水量

在发酵过程中，掺水量不同，形成面团的软硬程度也不同。面团的软硬程度与面团产生气体和保持气体的能力有密切关系。面团软，则发酵速度快，发酵时间短，发酵时易产生二氧化碳，但气体易散失；面团硬，则有抗二氧化碳气体产生的性能，发酵时间长，但面筋网络紧密，保持气体能力良好。掺水量应根据面粉的质量、性能、成品的要求、气温的高低等因素来确定，面粉与水的比例约为 2∶1。具体考虑因素如下。

（1）根据面粉的吸水性。面粉的吸水性取决于面粉中的蛋白质的质量与含量、淀粉颗粒的大小、面粉中含水量的多少以及面粉的新鲜度等因素。例如，特制粉中的蛋白质含量高，粉粒细腻，颜色白净，具有良好的吸水性，掺水量可多些；而标准粉掺水量则相应少些。又如，新面粉或面粉中水分含量高，吃不进很多水，掺水量就不能多。

（2）根据空气的温度与湿度。天气潮湿，气温高，掺水量应少些；气温低，天气干燥，掺水量可略多一些。

（3）根据面团中是否添加糖、油、蛋类等辅料。由于蛋类本身就含有一定的水分，而且糖、油能抑制面团中的面筋网络的形成，影响面粉的吸水能力，这时掺水量就要减少。

4. 适当控制温度

温度是影响酵母菌生长繁殖、分解有机物的最主要因素之一。这是因为在不同温度下，酵母菌的活力也不同。例如，0 ℃ 以下，酵母菌没有活力；0~30 ℃，酵母菌活力随温度升高不断增强；30~38 ℃，酵母菌的活力最强，繁殖最快；38~60 ℃，酵母菌活力随温度升高而降低；60 ℃ 以上，酵母菌死亡，彻底丧失生长繁殖能力。由此可见，环境温度在 30 ℃左右，酵母菌繁殖速度最快。因此，在调制面团时，选用 30 ℃ 左右的水是较为合适的。但是由于受气候和调制时间的影响，在调制面团时，水温还需灵活掌握，这才能更有效地利用酵母菌的活力产生更多的气体。另外，面团或半成品在饧发时也应使其处于约 30 ℃ 的温度下，这样才能保证面团在较短的时间内最大限度地膨胀。

5. 合理安排发酵时间

通常情况下，发酵时间越长，产生气体越多。但若时间过长，则面团发酵过度，产生的酸味越大，面团的弹性也差，制出的成品坍塌不成形；发酵时间短，则产生气体少，面团发酵不足，制出的成品色泽差，不够暄软。因此，发酵时间的掌握是非常重要的，要根据制品的要求确定。

6. 正确施碱

餐饮业使用的发酵面团，一般是用面肥发酵而成，因此施碱（又称兑碱、吃碱）是调制发酵面团的关键技术之一。施碱具有两个作用：一是中和面团中因发酵而产生的酸味；二是具有一定的膨松作用，促进膨松，使面团或成品更松、更白。

施碱技术比较复杂，如果用碱不当，就会影响制品的质量。碱轻则味酸，制成的成品呈灰白色，影响口味与色泽；碱重虽然酸味被去除，但成品色泽发黄，味苦而涩，还会刺激胃黏膜，影响食物的消化和吸收，降低制品的营养价值。所以施碱量必须适当、正确，不能机械地规定其用量，要根据发酵程度、酵面用量、成品的要求灵活确定。

（1）恰当掌握碱液的浓度及制法。施碱的关键在于碱的用量，要正确掌握施碱量，就必须掌握碱液的浓度。目前使用的食用碱一般有碱面、碱块和碱液三种，化碱时碱液的浓度一般要达到20%左右。在使用碱液前，应对浓度进行测定。检验碱液浓度时，可用试剂或仪器等测定。通常用人工测定，方法是：取一小块酵面投入碱液中，如其能慢慢浮起，则碱液已达到浓度要求；如下沉，则浓度不足，可继续加食用碱溶解（冬天可适当加热促进其溶解）；如上浮太快，则碱液浓度超过了浓度要求。施碱比例一般为每50 g碱块，加水250~300 g。

（2）正确掌握施碱量。施碱的多少要根据酵面的多少、老嫩程度、气温的高低、发酵时间的长短、面肥使用量的多少、碱液的浓度及制品的要求等灵活掌握。酵面多，施碱多；酵面少，施碱少；酵面发得老，施碱多；酵面嫩，施碱少；老酵投放量多时，施碱量也相应增加。季节不同，施碱量也有变化，天热比天冷施碱要多。有句行话："天冷不易走碱，天热容易走碱。"走碱又称逃碱，其实并非碱走掉了，而是由于气温高，菌体繁殖快，酵面施碱后虽然起了中和作用，一时酸味消失，但稍静置一段时间，微生物又继续繁殖增生，酸味很快加重，这时就必须再加碱液中和。而在天气冷、温度低的情况下，微生物不易繁殖，施碱后较长时间内无须补碱。施碱量是保证酵面制品质量的关键。施碱量多时称为重碱，重碱的制品色泽发黄，味道苦涩，维生素损失也多；施碱量少时称为欠碱，欠碱的制品色泽黯淡无光，板结发硬、发酸。施碱量得当时称为正碱，正碱才能体现酵面制品的特色。

（3）掌握施碱方法。施碱的方法一般是将已溶化的碱液倒入扒开的酵面中，随即用手将面团反复揉搓，使碱液迅速均匀地渗入发酵面团。具体手法是：在案板上均匀撒上一层干粉，把发酵面团放上，摊开呈长方形或圆形，中间扒开一个塘坑，倒入碱液，用手拎起周围的面团均匀地蘸点碱液，再折叠好横过来，用拳头或手掌向四边擞开（擞开时手用力的方向是向前而不是向下，如力向下面团就被撕断，面筋也就被撕断，不利于发酵）。如此擞开、卷起，反复多次，直到碱液均匀地分布在面团中，如果做不到这点，成品成熟后就会出现黄白相间的"花碱"现象。

（4）掌握检验施碱程度的常用方法。酵面加碱后，对施碱程度的检验，一般是采用感官检验法，常用的有嗅、看、听、尝、抓、蒸、烤、烙。

嗅 用鼻嗅，又称闻碱。将酵面揪下一块，放在鼻前闻，有酸味即是欠碱；有碱味即是重碱；如闻着有正常的酒香味而无酸碱味，就是正碱。但需要注意，如所用酵面发酵时间过长，则碱吃准后仍有酸味，那就需要用其他方法鉴别。

看 用刀将酵面切开看面团中的洞孔，如洞孔大于豌豆或蚕豆且分布不均匀，即是重碱；如洞孔如芝麻甚至更小呈扁长形者，即是欠碱；如洞孔圆而均匀，呈芝麻大小者，则为正碱。

听 拍面听碱，用手掌拍酵面，如发出"砰砰"的响声为正碱；如声音"扑扑"的即是欠碱；如声音很实发出"叭叭"的响声即是重碱。

尝 取一小块酵面用舌头舔或嘴嚼，如有酸味、黏牙即是欠碱；有碱味且发涩则是重碱；没有酸味、碱味而有正常的面香味及甜滋味为正碱。

抓 用手指抓住酵面往外拉，面软无劲且粘手，不易断者为欠碱；面劲大易断，则为重碱；面有劲，有弹性则为正碱。

蒸 即"酵面蒸试法"。掐一块施碱酵面剂子放入笼屉蒸熟，看其色泽，如面剂颜色洁白，外表干爽，内部孔小而匀，有甜香味，手捏松泡，为正碱；如面剂灰暗有黄褐色斑，为欠碱；色黄则为重碱。但蒸试面剂时要恰到好处，没有蒸透或蒸制时间过长，都不能正确反映施碱的程度。

烤 切一小块酵面，放在炉上烤熟，揭开内层看看，色泽洁白，嗅之有面食香味，则是正碱；色黄有碱味者即是重碱；色灰暗有酸味者则是欠碱。

烙 取一平锅或铁片，在火上烧热以后，揪一小块面团，揉出光面向平铁锅或铁片上一按，则会沾上一层面皮，若面皮发黄为重碱，颜色灰暗是欠碱，颜色洁白为正碱。除了采用以上几种方法外，还有一些特殊的方法，如用 pH 试纸来检验一小块面团，用 pH 试纸在面团表面擦一下或放一会儿，当其值小于 7 时说明欠碱；大于 7 说明重碱；如果其值在 7 左右，可定为正碱。这样的方法比较简便，适于初学者掌握。

另外，在操作时欠碱应补碱，重碱应解碱。欠碱的酵面需要再兑些碱，令其中和剩余的酸，直至正碱。重碱的酵面可加些老酵揉和来解碱。如没有老酵，可将重碱面团再静置一段时间，待其继续发酵，产生酸来中和多余的碱。如需急用，也可在酵面中加些柠檬酸或醋精，以解碱。

二、化学膨松面团的调制

化学膨松面团，就是将适量的化学膨松剂加入面粉中调制而成的面团。它是利用化学膨松剂发生的化学变化，产生气体，使面团疏松膨胀。这种面团的成品具有膨松、酥脆的特点，一般使用糖、油、蛋等多量的辅助原料调制而成。主要品种有油条、桃酥、沙琪玛、棉花包等。

从成品的特点来看，化学膨松面团的膨松程度不如发酵面团，但由于面团中多糖、多油，会限制酵母繁殖，所以要依靠化学膨松剂使面团膨松。糖多，酵母不但不能生长繁殖，而且由于糖的渗透作用会使酵母细胞质与细胞液分离，从而失去活性；油多，会使酵母细胞表面形成一层油膜，隔绝酵母与水及其他物质的接触，酵母吸收不到养料，不能继续生长繁殖，限制了面团的膨松，在这种情况下，用化学膨松剂可以弥补酵母的不足。

目前常用的化学膨松剂有两类，一类属于发粉，包括小苏打（碳酸氢钠）、臭粉（碳酸氢铵或称阿摩尼亚粉）、发酵粉（泡打粉）等，可单独调制面团；另一类是矾（硫酸铝钾）、碱（碳酸钠）等，需要结合其他膨松剂使用。

（一）化学膨松面团的调制方法

1. 发粉面团调制方法

先将面粉扒一小窝，放入油、蛋、糖等辅助原料，揉搓均匀，再加入发粉与剩余面粉一起搓透至发粉溶化，再和成面团。为了使发粉均匀分布在面团中，也可使其与面粉一起过筛，这样成品不易出现黄斑（如泡打粉的通常使用方法）。

2. 矾碱盐面团调制方法

将明矾、食用碱、盐分别碾细，按比例配合在一起，搅拌均匀，加水溶化搅起"矾花"后，放入面粉中立即搅动抄拌，揉和摵成面团，然后双手握拳按次序摵捣。边捣边叠，边叠边捣，反复四五次，每捣一次，要饧一段时间（以免面团过于上劲），最后把叠好的面团翻个面，抹上一层油，盖布饧面，饧好后倒在抹过油的案板上，表面再抹些油即可。这样的面团虽然制成的成品特别松脆，但面团内的营养成分已受到相当大的破坏。

明矾的化学成分是硫酸铝钾，其含有丰富的铝离子，过量摄入会在人体内沉积，影响人体对铁、钙的吸收，导致贫血、骨质疏松，甚至影响神经细胞的发育，在脑中沉积会导致脑神经受损，引起痴呆、记忆力减退、智力下降等。根据国家相关规定，从 2014 年 7 月 1 日起，馒头、发糕等面制品（除油炸面制品、挂浆用的面糊、裹粉、煎炸粉外）不能添加含铝膨松剂硫酸铝钾和硫酸铝铵，其他食品中也限量使用。

（二）化学膨松的原理

化学膨松是利用某些食用化学剂在面团调制和加热时产生的化学反应来实现使面团膨松的目的。面团内掺入化学膨松剂调制后，化学膨松剂在加热成熟时受热分解，可以产生大量的气体，这些气体和酵母产生的气体的作用是一样的，也可使成品内部结构形成均匀的多孔组织，达到膨大、酥松的要求，这就是化学膨松的基本原理。但是各种化学品的化学成分不同，它们的化学反应也不相同，因而膨松效果也不同。如小苏打加热分解后的产物中有碳酸钠留在面团中，所以如果用量过多，则成品有碱味；臭粉分解后的产物中有氨气和二氧化碳两种气体，故膨松能力强、膨松速度快；当矾、碱、盐掺入面粉制成面团时，矾与碱发生化学反应，产生气体，使面团膨松胀大，而盐不参与反应，仅是为了提高面团的筋性，提高其保持气体的能力。

（三）调制化学膨松面团的操作要领

由于不同化学膨松剂的化学成分各不相同，所以不同面团加入不同膨松剂后，其膨松程度也有所不同，因此，在制作面点时，采用的化学膨松剂种类及其用量，都会影响膨松效果，并直接影响成品质量。

1. 正确选择化学膨松剂

要根据制品种类的要求、面团性质和化学膨松剂自身的特点，选择适当的膨松剂。例如，小苏打适用于高温烘烤的糕饼类制品，如桃酥、甘露酥，也适用于制作面肥发酵面团品种。臭粉比较适于制作薄形糕饼，因其加热后产生氨气，气味难闻，薄形糕饼面积大，臭粉用量小，气味易挥发。用臭粉作为膨松剂制成的成品，应冷却后食用。制作油条之类食品，可选用矾、碱、盐等作膨松剂。

2. 严格控制化学膨松剂的用量

目前使用的化学膨松剂效力较高，操作时必须掌握好用量。用量过多，则面团苦涩；用量不足则成品不膨松，影响制品质量。例如，小苏打的用量一般为面粉重量的 1%~2%；臭粉的用量为面粉重量的 0.5%~1%；制油条时，矾、碱的使用量为面粉的 2.5%；发粉可按其性质和使用要求掌握用量。另外，根据气温的不同，膨松剂的用量也会有所变化。一般而言，在夏天，面团中膨松剂的用量可适当增加一些，因天气炎热，面团中的膨松剂较易挥发，而冬天可适当减少些用量。总之，只有掌握好用量和比例，才能保证面团膨松，成品达标。

3. 正确掌握调制方法

在溶解化学膨松剂或在调制加入了化学膨松剂的面团时，应使用凉水。化学膨松剂遇热会起化学反应，分解放出部分气体，使成品在成熟时不能产生膨松效果而影响质量。加入化学膨松剂的面团必须揉匀、揉透，否则成熟后成品表面就会出现黄色斑点，并影响口味。

三、物理膨松面团的调制

物理膨松面团，又称蛋泡面团、蛋糊面团。它是利用机械力的充气方式和面团内的热膨胀原理（包括水分因高温而气化），在加热熟化过程中使制品保持气体而质地膨松。一般多用来制作蛋糕、泡芙等面点。其特点是制品营养丰富，松酥柔软适口，易被人体消化吸收。

（一）物理膨松面团的调制方法

1. 蛋糕面团的调制

取一干净打蛋桶（或一干净瓷盆），打入鸡蛋，加入白砂糖，用机器或人工将蛋液顺一个方向快速抽打，待蛋液颜色转白，体积约增大 2 倍呈浓稠的糊状时，将过筛后的面粉掺入，轻轻调匀即可。鸡蛋、白砂糖、面粉的比例一般为 2：1：1。具体比例可根据品种确定，鸡蛋所占比例大，成品柔软性好；面粉所占比例大，成品硬实；糖则起到提高蛋液黏稠度、调味和改善成品色泽的作用。

2. 泡芙面团的调制

制作泡芙面团的主要原料是：面粉、黄油、鸡蛋（比例为 2：1：3）、适量的水和少许盐。

泡芙面团的调制方法：

（1）先将水烧开，加入盐与油，离火。

（2）将面粉过筛后，倒入沸水中拌匀，用中火烫熟拌透。

（3）将烫熟的面团放入机器中趁热逐步、分次加入蛋液，每加完一次蛋液必须打透后，才能加第二次，直至面糊舀起能自然下垂。

（二）物理膨松的基本原理

物理膨松的基本原理是以充气方法，使空气存在于面团中，通过充气和加热，使面团体积膨大、组织疏松。用作膨松充气的原料必须是胶状物质或黏稠物，具有包含气体并不使之逸出的特性，常用的有鸡蛋和油脂。以鸡蛋制品为例，鸡蛋的蛋白有良好的起泡性能，通过一个方向的高速抽打，一方面打进许多空气，另一方面使蛋白质发生变化，其中，球蛋白的表面张力被破坏，从而提高了球蛋白的黏度，有利于打入的空气形成泡沫并被保持在内部。因蛋白胶体具有黏性，空气被稳定地保持在蛋泡内，当受热后，空气膨胀，因而制品疏松多孔，柔软而有弹性。

（三）调制物理膨松面团的操作要领

1. 严格选料和用料

原料是面团实现膨松的关键条件之一，不具有良好的气体保持能力的原料，要达到理想的膨松效果是不可能的。如蛋糕面团的调制必须使用新鲜鸡蛋，而且是越新鲜越好，因为新鲜鸡蛋的蛋白胶体稠、浓度高，含氮物质多，灰分少，能打进的气体多（抽打后体积能增加 3 倍以上），且保持气体的性能稳定，蛋液容易打发膨胀。存放时间过久的蛋和散黄蛋，均不宜使用。蛋糕面团对面粉的要求也较高，宜用粉质细腻而筋性不强的低筋面粉，如使用筋性较强的粉，面团在加入面粉时容易上劲而排出气体，就不能达到成品膨松的效果。

2. 注意调制时的每一个环节

用物理膨松法调制面团的关键是抽打蛋泡。将鸡蛋加入盆内后（一定要保持盆内干净，无水、无油、无碱、无盐），用打蛋器顺一个方向高速抽打，打至蛋液呈干厚浓稠的泡沫状，颜色发白，能立住筷子时为止，然后加入面粉拌和即成（加入面粉后不宜再打，以免上劲）。

近几年随着科技的发展，在食品加工方面也发生了一定的变化。调制物理膨松面团时，为了使成品更膨松、更细腻，采用蛋清和蛋黄分开搅拌的方法，常加入一些食品添加剂，如塔塔粉，使打出的面团更稳定、制品更柔软适口。

任务 3.3　油酥面团调制技艺

油酥面团是用油脂和面粉作为主要原料调制而成的面团。用这种面团制作的品种具有体积膨松、色泽美观、口味酥香、富有营养的特点。其制作工艺精细、独特。常见的品种有黄桥烧饼、花式酥点、千层酥、广式月饼、杏仁酥等。油酥面团的品种很多，制作要求也各不相同，按其制作特点大体可分为层酥面团和单酥面团两大类。

一、层酥面团的种类和调制方法

层酥面团是由皮面和酥面两块面团组合制成的，其成品色泽玉白，外形美观，层次清晰，是酥松类制品中的精品，也是酥松类制品的主要品种。层酥类制品制作工艺复杂、精细，制作要求高，根据使用的原料及制作方法的不同，又可分为包酥类及擘酥类两种。其中又以包酥类制品使用最为广泛，擘酥类制品主要在广式点心中使用。

（一）包酥面团的调制方法

包酥面团又称酥皮面团，是由两块不同制法的面团互相配合擀制而成的面团。这两块面团一块是皮料，另一块是酥心。皮料通常有水油面皮（由水加油和面粉调制而成）、酵面皮（用发酵面团中的烫酵面团做皮，如"黄桥烧饼"）、蛋面皮（鸡蛋加水、油和面粉做皮，如鸡蛋酥）三种；酥心即是干油酥。这类面团制成的品种质地酥松、体积胀大、层次分明。调制包酥面团尽管皮料不同，但做法基本相同。因水油皮包酥用途最为广泛，下面着重介绍水油皮包酥面团的性质、特点和调制方法。

制作包酥面团的一般工艺流程：

干油酥（酥心）的调制
水油面（皮面）的调制 ≥ 包酥——酥皮的擀制

包酥面团调制技艺微视频

1. 干油酥的调制

（1）干油酥的性能和特点。由于干油酥全部用面粉和油调制而成，不加任何辅料和水，所以干油酥松散软滑，没有韧性、弹性和延伸性，但具有一定的可塑性和酥性。干油酥虽不能单独制成面点，但可与水油面合作使用，使其层层间隔，互不粘连，起酥发松，成熟后体积膨松，形成层次。

（2）干油酥的调制方法。调制干油酥的一般工艺流程：

下粉→掺油→拌匀→擦透→成团

干油酥的调制与一般面团不同，采用擦制法，即先将面粉加油脂拌和，滚成团，再用双手的掌根推擦，擦透使之色白，用手指触摸面团无弹性即可。

（3）干油酥调制的操作要领

① 反复揉擦。这是保证油酥质量的一个关键，在和粉过程中和捏制成成品之前，都必须反复擦匀、擦透、擦顺，增加其油滑性和黏性。

② 掌握配料比例。面粉和油脂的比例一般为 2∶1，即每 500 g 面粉中放 250 g 油脂，一般用猪油或素油。也有例外情况，如广式的干油酥用黄油或麦淇淋制成，其油脂与面粉的比例约为 4∶1。这种干油酥经反复揉擦后，能吸收大量空气，因此具有较强的酥松性能，成品胀发较大。

③ 了解油脂性能。调制干油酥时所用油脂，一定要用凉油，否则不易黏结，制品容易脱壳与炸边。调制所用的油脂，以猪油为好，因为猪油在常温下呈固态，用它调制油酥时，油酥呈片状；而用植物油调制时，因其是液态，油酥呈圆球状。所以用等量的油，猪油的润滑面积比较大，制成的成品更酥一些，色泽也更好。

④ 掌握干油酥的软硬度。干油酥的软硬度应与水油面的软硬度基本一致，否则，一硬一软，将影响酥层。例如，水油面太软，干油酥太硬，拼制时不易拼均匀，影响层次；水油面太硬，干油酥太软，拼制时会产生破酥现象，同样影响层次与成品质量。

⑤ 正确选用面粉。调制油酥面一般用筋性较小的面粉，这类面粉不易形成面筋，起酥效果较好。

2. 水油面的调制

（1）水油面的性能和作用。水油面是用油、水、面粉拌和调制而成的同时兼有水调面团和油酥面团两种性质特点的面团，其既有水调面团的劲力、韧性和保持气体的能力（但能力比水调面团弱），又有油酥面团的润滑性、柔顺性和酥松性（但酥松性不如干油酥）。如果单独用水油面来制作面点，成品比较僵硬，酥性不足。它能与干油酥配合使用，形成层

69

项目3 面团调制技艺

次，使皮坯具有良好的造型和包捏性能，并能使成品具有完美的形态和膨胀酥松的特点。

（2）水油面的调制。调制水油面的一般工艺流程：

$$下粉 \xrightarrow{\text{油、水搅均匀}} 拌和 \rightarrow 揉搓 \rightarrow 成团$$

具体的操作程序与水调面团基本相同，和面时，一般将油与水同时加入面粉中抄拌，然后揉搓成面团。如果先加油后加水，或先加水后加油都会影响面粉和水、油的结合，难于拌和。用水温度应随天气的冷暖而灵活掌握，一般温度以 30~40 ℃ 为宜，这样制成的面团酥松而有一定韧性。为了使调制的水油面既具有一般水调面团的性质，又具有油酥面团的特点，在调制时必须掌握其操作要领。

（3）水油面调制的操作要领

① 正确掌握水、油的配料比例。一般情况下，面粉与水和油的比例为 1∶0.4∶0.2，即每 500 g 面粉加水 200 g、油 100 g，其中水与油的比例为 2∶1，这个比例还应视品种要求而灵活掌握。行业中检验水和油的比例是否恰当的方法是：将手指插入面团内立即抽出，一要看是否有油光，二要看是否不粘手。如果有油光、不粘手，则说明用油量适当。如果用油过多，影响分层，成品会过于散碎，容易破漏；用油过少，成品则僵硬、坚实。

② 反复揉搓。面团要反复揉搓，揉匀搓透，否则，制成的成品容易产生裂缝。

③ 防干裂。揉成面团后，上面要盖一层湿布（或保鲜膜），以防面团表面开裂、结皮。

3. 包酥

包酥又称破酥、开酥、起酥等。包酥就是将干油酥包入水油面中，经反复擀薄叠起，形成层次，制成层酥的过程。包酥是制作油酥制品的关键，包酥包得好与差，直接影响成品质量。包酥一般可分为大包酥和小包酥两种。

（1）大包酥。大包酥又称大酥，用的面团较大，一次可作数十个剂坯。具体做法是：先将干油酥包入水油面内，然后封口、按扁，拼成厚薄均匀的长方形薄片，再一折为三，即左边的 1/3 和右边的 1/3 分别折向中间成为重叠的三层，如此重复一两次然后再擀薄（厚薄与第一次相同，这样酥层就较均匀），卷成圆筒形（卷时用力均匀，筒形大小一致），再根据制品的分量与规格要求，切或揪成面剂。大包酥的特点是制作速度快、层次多、效率高，适用于一般油酥制品的大批量生产，但要使酥层起得均匀美观，必须具有基本功。一般情况下，成品质量没有小包酥好。

（2）小包酥。小包酥又称小酥，用的面团较小，一般一次只能制一至数个剂坯。可用叠和卷两种方法制作。具体做法是：先将干油酥包入水油面内，收口后，按扁擀薄。如用卷的方法时，将剂拼成长方形面片，由一面向另一面卷拢，按扁再擀开卷成卷，再根据不同品种的要求制皮。如用叠的方法，将擀薄的面片一叠三层，再擀薄，再叠三层，反复三次，有 27 层即可，拼叠次数不宜太多，不然层次不清。小包酥的优点是酥层均匀，层次多，面皮光滑，不易破裂，适合制作精美细巧的品种，但其制作速度太慢，效率低。

（3）包酥的操作要领

① 水油面与干油酥的比例必须适当，如干油酥过多，不仅擀制容易发生破皮现象，而且会出现露馅、成熟时易碎等问题；而如干油酥过少，成品坚实，酥层不清，会影响制品的酥松性。一般应根据成熟方法、空气湿度、品种要求确定水油面与干油酥的比例。如成品是用烘烤成熟的，水油面与干油酥的比例为 1 ∶ 1；如是在油中氽炸成熟的，水油面与干油酥的比例则为 6 ∶ 4。干油酥与水油面的软硬度要一致，这在前面的面团调制中已提到，面团宜软不宜硬。

② 将干油酥包入水油面中，应注意水油面皮的四周应厚薄均匀，以免在擀制时酥层的厚薄不均匀。

③ 擀皮起酥时，两手用力要适当，使皮子的厚薄一致，如用力过重，会使油酥压向一面，或使水油面与油酥黏结在一起而影响分层起酥。用力的方向一般是向前而不是向下。

④ 擀皮起酥时，尽量少用生粉，卷圆筒时要尽量卷紧，否则酥层间不易黏结，容易造成脱壳，同时还会因生粉量过多而影响成品质量。

⑤ 擀皮时速度要快，尤其在冬季，面团在擀制时易发硬，擀制不当，成品层次会受到影响。在擀皮时要避免风吹，以免面团表面结皮。

⑥ 起酥后切成的坯子应盖上一块干净湿布，或盖上保鲜膜，防止外表皮子起壳而影响成形，一般要边起酥边包捏成形。

4. 酥皮的种类和制法

油酥面团制品品种繁多，外形美观精细，口感香酥，具有独特的风味特色，是中式面点中既可体现基本功又可变换式样的一种面团。擀制酥皮的方法很多，根据制品层次外露的情况，一般把油酥皮分为明酥、暗酥、半暗酥三种类型。

（1）明酥。不论是大包酥还是小包酥，凡成品酥层外露，表面能看见非常整齐均匀的酥层，都是明酥，如盒子酥、荷花酥。酥层的形式因起酥方法（卷和叠）及刀切的方向（直切和横切）的不同而不同，一般酥层呈螺旋状态的称为圆酥，呈直线状态的称为直酥。

圆酥　是用小包酥或大包酥的方法制成长条以后，根据品种规格与要求，用刀一段一段地切下来（每段为一个剂子），取一段向上放，用擀面杖自上向下按扁，再用擀面杖自中心向外轻轻擀开，呈圆形皮子，接着放上馅心，包捏成形，使圆形纹路外露。如果用圆酥来制作成品，起酥卷长条时一般要卷得粗一些，剂子要切得短一些，这样可使制品表面层次多而清晰，使成品更加美观。

直酥　直酥的起酥方法基本上与圆酥相同，只是切法不同，用大包酥或小包酥的方法卷成长条以后，根据品种的规格和要求，切下一段，然后将切下的段沿纵向剖开，截面向上，成为一个剂子；再用擀面杖轻轻按压，擀成薄片，包入馅心制成成品。

明酥制品的质量要求　明酥制品的质量要求较高，除油酥制品的一般要求外，特别要求表面要酥层清晰，层次均匀，因此操作时要注意以下几点：起酥要注意起得整齐，即在擀长方形薄片时，厚薄要一致，宜用卷的方法起酥，卷时要卷紧，否则在成熟时易飞酥；用刀切剂时，下刀要利落，以防相互粘连；按皮时要按正，擀时从中间向外擀，用力要适当、均匀；包馅时将层次清晰的一面朝外，如用两张面皮时，可用起酥好的一张做外皮。

（2）暗酥。暗酥就是指在成品表面看不到层次，只能在其侧面或剖面看到层次的酥皮制品。暗酥制品要求膨胀松发，形态美观，酥层不断且清晰，不散不碎。大包酥与小包酥都能制成暗酥，苏式月饼就是用暗酥的方法制成的。暗酥的制作方法有卷酥法和叠酥法两种。其操作要求是：

① 起酥时，干油酥要均匀地分布在水油面团中，擀皮不要擀得太薄，卷拢时，筒状的两头不要露酥。

② 起酥时可根据品种的需要采用卷酥或叠酥的方法。卷酥的特点是酥层较薄，层次较多，均匀；叠酥的特点是酥层厚，层次清楚，胀性大。

③ 切剂时，刀口要利，下刀要利落，防止层次粘连，但其要求没有明酥那么高。

④ 多采用烘制方法成熟。因烘烤时水分挥发，使成品口感较干，故在烘制暗酥成品时应适当地放一些油脂，使成品口感更滋润。

（3）半暗酥。半暗酥一般使用大包酥的起酥方法，将酥皮卷成筒形后，按制品需要用刀切成段，用手或擀面杖向45°方向按剂，制成半暗酥剂，用擀面杖将剂子擀成皮，包入馅心，包捏成形。

半暗酥的特点是酥层大部分藏在里面，仅有一部分酥层露在外面，成熟后胀性较暗酥制品大，较宜制作果形的花色酥点。制作半暗酥的操作要点如下：

① 宜采用卷酥法，酥层要求薄而均匀，现市场上有一种专用于制作油酥面团的面粉，用这种面粉起酥，酥层清晰，没有毛边，成品较为美观。

② 擀皮时中间稍厚，四周稍薄。

③ 包馅时，层次清晰且多的一面向外，层次较少的一面向里。

④ 成熟方法可用炸与烘，炸的要领与明酥相同，用烘的方法成熟时，在制品有酥层的地方可涂上一些猪油，使烘好的成品酥层更清晰。

（二）擘酥面团的调制方法

擘酥是广式面点吸取西点制作技术调制而成的一种油酥面团，在广式面点中称为千层酥。它是由多层酥面折叠而成，其制法与包酥面团有相似之处，也是由两块面团组成，一块是用凝结猪油掺粉调制而成的油酥面，另一块是用水、糖、蛋等与面粉调成的面团，通过叠酥手法制作而成。擘酥皮由于使用油脂量较多（比酥皮面团多），起酥膨松的程度比一般酥皮都要高，各层张开。所以其成品特点是成形美观、层次分明，入口酥化。

1. 油酥面调制法

调制油酥面的一般工艺流程：

冷却熟猪油→掺入面粉→搓揉→压形→冷冻→油酥面

具体做法：将猪油熬好，冷却，待猪油凝结，掺入少量面粉（猪油与面粉的比例为1：0.3左右），搓匀擦透，压成板形，放入特制器具内，加盖密封（以避免冰水渗入）放到冰箱内，成为外硬内软的结实板块体即成擘酥的油酥面。

2. 水油面调制法

调制水油面的一般工艺流程：

下粉→掺入蛋液、白糖、清水→揉搓（摔拉起劲、光滑）→冷冻→水油面

其具体做法基本上与调制冷水面相同，但加辅料较多，如鸡蛋、白糖。一般用量是375 g 面粉，加鸡蛋2个，白糖35 g和清水175 g，拌和后，用力揉搓，揉至面团光滑上劲为止。同样要放入特制器具内，和油酥面一起，置入冰箱冷冻，最好使水面与油面冻得一样硬。

3. 开酥法

擘酥面团虽然也是由两种面团组成，但它的开酥方法与包酥面团完全不同，采用的是折叠成酥的方法。具体做法如下：

把冻硬的油酥面取出，平放在案板上，擀平压薄，再取出水调面也擀压成和油酥面大小相同的扁块，放在油酥面上，对好、对正，擀成长方形，再进行折叠，将两端向中间折入轻轻压平，折成四折，然后在第一次折的基础上，再擀成长方形，按以上方法重复三次后，将其轻轻放入箱内，摆平，再放入冰箱冷冻约30 min，即制成擘酥面团酥皮。

擘酥面团的操作要领：

（1）油脂需用凝结的熟猪油、黄油或麦淇淋。

（2）水油面和油酥面的软硬度要一致，水油面皮要有劲力且有韧性。

（3）操作时落槌要轻，开酥时手用力要均匀。

（4）注意用料比例和冷冻时间的控制。

二、单酥面团的种类和调制方法

单酥面团又称松酥面团，它是以面粉、油脂、蛋、糖等为主要原料调制而成的。单酥面团制品一般具有松酥、香甜等特点。常见的品种有广式月饼、开口笑、杏仁酥等。

单酥面团由于原料、制作方法的不同，可分为浆皮类面团和混酥类面团两大类。

（一）浆皮类面团的调制

浆皮类面团是以面粉、油脂和糖浆为主要原料调制而成的，根据制品的特点及使用糖浆

的不同，可分为砂糖浆面团和麦芽糖面团两种。

1. 砂糖浆面团的调制

砂糖浆面团以面粉、砂糖、油脂为主要原料调制而成。因调制时砂糖用量较多，必须将糖熬制成糖浆才能使用。这样可使面团具有良好的可塑性，成形时不酥不脆、柔软不裂，烘烤成熟时容易着色，成品存放 2 天后回油，使制品更加油润、松酥。常见的砂糖浆面团制品有广式月饼等。

（1）糖浆调制方法

原料：白砂糖 500 g，清水 175～200 g，柠檬酸 0.25～0.3 g。

制法：先将清水的 1/4 倒入锅中，放入白砂糖后加热煮至沸腾，可将剩余的清水逐渐加入，以防止糖液溅泻，煮沸后用文火煮约 30 min，煮至剩下的糖液约为 620 g 时加入柠檬酸搅匀即可取出，再放入器皿中储存 15～20 天后取出使用。

（2）面团调制方法

原料：面粉 500 g，糖浆 400～410 g，花生油 120 g，枧水（一种含有 Na_2CO_3 和 K_2CO_3 的液态添加剂）8～9 g。

制法：将面粉放在案板上，中间扒一凹坑，将糖浆和枧水混合后，放入花生油搅拌成乳状，再倒入面粉内拌和揉制成面团。砂糖浆面团的软硬应根据馅心的软硬灵活掌握。

2. 麦芽糖面团的调制

麦芽糖面团是以面粉、麦芽糖、糖粉为主要原料调制而成。不同的品种，使用麦芽糖的量均不相同，无麦芽糖时，可用转化糖浆代替。常见的品种有鸡仔饼、炸肉酥等。

（二）混酥类面团的调制

混酥类面团是由面粉、油脂、糖、蛋或少量清水原料混合擦制而成。在制作过程中投放原料的种类和比例应依据品种的需要而定。混酥类面团一般都要加入化学膨松剂，以使成品成熟后更酥松，如开口笑、甘露酥、杏仁酥、桃酥。

三、油酥面团的形成原理

油酥面团所以能形成成品酥松、膨大、分层的特点，主要是因为在调制面团时用了一定量的油脂。油脂具有一定的黏性和表面张力，当油渗入面粉内，面粉颗粒被油脂包围，黏结在一起，因油脂的表面张力强，不易化开，所以油和面粉黏结只靠油脂微弱黏性维持，故不太紧密（比面粉与水的结合松散得多），但经过反复揉擦，扩大了油脂颗粒与面粉颗粒的接触面积，充分增强了油脂的黏性，使其粘连逐渐成为面团。

油酥面团虽然揉擦成团，但是油酥面团的面粉颗粒并没有结合起来（只是油脂颗粒包围面粉颗粒，并依靠油脂黏性黏结起来），不能像水调面团那样蛋白质吸水形成面筋网络，淀粉吸水膨润增加黏度。所以，油酥面团仍然比较松散，缺乏黏度和劲力。这也就形成了油酥面团与水调面团不同的性质——起酥性。油酥面团酥松起层的原因具体如下：

（1）面粉颗粒被油脂颗粒包围、隔开，面粉颗粒之间的距离增大，空隙中充满了空气。这些空气受热膨胀，使成品酥松。

（2）面粉颗粒吸不到水，不能膨润，在加热时更容易变脆。根据以上所述，完全由油脂与面粉调制的面团，虽具有良好的起酥性，但面团松散，不易成形，加热易散开，无法加以利用。因此，必须采用其他方法与之配合，这就形成了加水、糖、膨松剂的单酥，包入其他面皮内的炸酥，与干油酥、水油面结合的酥皮和擘酥等各种油酥面团。

（3）酥皮面团的起酥原理是在调制干油酥时，面粉颗粒被油脂包围，面粉中的蛋白质、淀粉被间隔，不能形成网状结构，质地松散，不易成形。而调制水油面时，由于加水调制使其形成了部分面筋网络，整个面团质地柔软，有劲力，延伸性强。这两种面团合在一起，形成一层皮面（水油面），一层油酥面（干油酥）。干油酥被水油面间隔，当制品生坯受热时，水分就会汽化，使层次中有一定空隙。同时，油脂受热也不粘连，产生酥化作用，便形成非常清晰的层次。

任务 3.4　米粉面团调制技艺

米粉面团，是指用米粉掺水调制而成的面团。由于米的种类较多，如糯米、粳米、籼米，因此可以调制出不同的米粉面团。如在制法上加以适当变化，就能制成丰富多样的点心，如糕、团、饼，受到广大消费者的欢迎。特别是在盛产稻米的地区，米粉面团制品占有重要的地位。

一、米粉的制作方法

调制米粉面团的米粉，按其加工方法，可分为干磨粉、湿磨粉、水磨粉三种，用途各不相同。一般来说，餐饮业多用湿磨粉和水磨粉做精细点心。

（1）干磨粉。米粒不经加水，直接磨成细粉。

（2）湿磨粉。先要经过淘米、静置、着水的过程，直到米粒松胖才能磨制。

（3）水磨粉。水磨粉多数用糯米，掺入少量的粳米制成，粉质比湿磨粉更细腻，吃口更为滑润。

由于此内容在前面章节中已有介绍，这里不再赘述。

二、米粉面团的调制方法

米粉面团的制品很多，按其属性，一般分为三大类，即糕类粉团、团类粉团、发酵粉团。

（一）糕类粉团

糕类粉团是米粉面团中经常使用的一种粉团，根据成品的性质一般可分为黏质糕和松质糕两类。

1. 黏质糕粉团

黏质糕粉团是先成熟后成形的糕类粉团，具有黏、韧、软、糯等特点，大多数成品为甜味或甜馅品种。具体调制方法是：先将粉料搅拌后，上笼蒸熟，再用搅拌机搅至表面光滑不粘手（如量少，则可用手包上干净的湿布反复揉搓到表面光洁不粘手为止，必须要趁热），然后再取出分块、搓条、下剂、制皮、包馅，做成各种黏质糕或叠卷夹馅，切成各式各样的块，如年糕、蜜糕、寿桃、拉糕、豆面卷。

2. 松质糕粉团

松质糕粉团简称松糕，它是先成形后成熟的品种，以糯米粉、粳米粉掺和后加入糖、水或熬成的糖油（又称糖浆、糖汁）拌成松散的粉粒状（目的是加热时透气，容易成熟，不会夹生），筛入各种糕模中，蒸制成熟即成。其特点是多孔、松软，大多为甜味和甜馅品种，如松糕、定胜糕、马蹄糕、方糕。松质糕的糕粉制作比较讲究，在调制时应掌握以下操作要领：

（1）熬糖油（浆）。把一定比例的糖和水熬成糖液的方法，称为熬糖油。制作甜味糕点加糖时，为了除去糖中的杂质，使糖的口感更纯并更充分地被糕粉吸收，保证成品的质量，必须熬制糖油。熬制糖油时，糖和水的比例为 2∶1。方法为：先将糖与水放在清洁的锅中，在火上熬制（火不能太旺，以免烧煳），并用锅铲顺锅底不断铲动，见糖油泛起大泡（表示已经完成）可离火，用很细的筛子过滤。糖油必须完全冷却后方可使用。

（2）掺水。掺水就是在米粉中掺入适量的水或适量的糖油，拌和成松散的粉粒。掺水的多少，根据制品的要求及粉质的吸水性等决定。水一定要掺得恰到好处，掺水量少，粉质太干无黏性，蒸时会被蒸汽冲散，影响成形；掺水量多，则粉质黏烂，蒸汽不易上冒也会造成中间夹生。检验方法是：用手捏一把粉，能捏得拢，散得开，即说明掺水量符合要求。

（3）拌粉。拌粉就是将米粉加水或糖油拌和的过程。用清水拌和的粉称为"白粉"，用糖油拌和的粉称为"黄粉"。米粉掺了水或糖油以后，必须搅拌均匀，使所有的粉粒都能均匀地吸收水分和糖分。拌好后，要静置一段时间，待水分和糖分充分渗透吸收。

（二）团类粉团

团类制品又称团子，大体可分为生粉团、熟粉团两类。

1. 生粉团

生粉团即是先成形后成熟的粉团，其制作方法是：将少量粉先用沸水烫熟或煮成芡，再掺入大部分生粉料，调拌成块团或揉搓成块团，再制皮，捏成团子，如各式汤团。其特色是可包卤较多的馅心，皮薄、馅多、黏糯，吃口滑润。生粉团的调制方法主要有以下两种：

（1）包心法。适用于干磨粉和湿磨粉，将糯米粉、粳米粉掺和的粉料倒在缸内，中间挖个凹坑，将适量的沸水冲入（沸水与粉的比例约为1：4），先将中间部分的粉烫熟（称为熟粉心子），再将四周的干粉掺入适量的冷水，与熟粉心子一起揉和，反复揉到软滑不粘手为止。加冷水时需注意：第一，掺水量要正确掌握，如加入沸水过多，制皮粘手，难于成形；如加入沸水过少，制成品容易裂口。第二，投入沸水在前，加入冷水在后，不可颠倒。

（2）煮芡法。适用于水磨粉，取约1/3的水磨粉，加适量的冷水搅拌成粉团，压成"薄饼"（太厚不易熟），投入沸水中煮熟成"芡"。再将其余的水磨粉块搓碎，将煮熟的"芡"投入，揉至均匀、光滑、不粘手为止。这是传统的操作方法。现在都改用机器打粉，操作更加简便。先将2/3的水磨粉块投入机器打碎，再将1/3的"芡"投入，打透打匀至细腻、光洁、不粘手为止。

用熟"芡"制作时的要点：

① 根据天气的冷热，粉质的干湿，正确掌握用"芡"量。热天粉质易潮，用芡量应少些；冷天粉质干燥，用芡量应多些。

② 芡在生粉中主要起着黏合组织作用，用芡量多粉团会粘手，不易制皮、包捏；用芡少了，成品容易裂口，下锅易破散。

③ 生粉团的熟芡，做法较多，但大多数是用水煮，而且必须等水沸后才可投入。否则，就容易沉底散破。投入后须用勺子轻轻从锅边捅入搅拌，防止芡沉底粘锅破烂；第二次水沸时，需加适量的冷水，抑制水的沸滚，使芡漂浮在水面上3~4 min，色全变即成熟芡。

2. 熟粉团

所谓熟粉团，即是将糯米粉、粳米粉加以适当掺和，加入冷水拌和成粉粒蒸熟，然后倒入机器打透、打匀形成的块团。其具体调制方法与黏质糕粉团相似。

（三）发酵粉团

发酵粉团仅指以籼米粉调制而成的粉团。它是用籼米粉加水、糖、面肥、膨松剂等辅料经保温发酵而成的米粉面团。其制品松软可口，体积膨大，内有蜂窝状组织，它在广式面点中使用较为广泛。其制作方法：先取籼米粉粉浆的1/10调成稀糊蒸熟，晾凉，和其余的籼米浆拌和搅匀，再加面肥、水，搅和均匀，置于较暖和处发酵，待发酵后，加入糖溶化，再加入发酵粉、碱液搅拌均匀即可。比较著名的面点有棉花糕、伦教糕等。

三、米粉面团的形成原理及特性

（一）米粉面团的形成原理

米粉和面粉组成的成分基本一样，主要含淀粉与蛋白质。但两者的蛋白质与淀粉的性质又不尽相同。面粉所含的蛋白质是能吸水生成面筋的麦谷蛋白和麦胶蛋白（醇溶蛋白），而米粉所含的蛋白质则是不能生成面筋的谷蛋白和醇溶蛋白；面粉所含的淀粉多为淀粉酶活力高的直链淀粉（更易被酵母利用的淀粉），而米粉特别是糯米粉所含的淀粉多是淀粉酶活力低的支链淀粉。糯米所含几乎都是支链淀粉。粳米含支链淀粉82%，籼米含支链淀粉较少，约占75%。也就是说，米粉类中籼米粉比较适合制作发酵粉团。

面粉具备了上述两个发酵的基本条件，所以发酵后制成的品种松发暄软；而糯米粉、粳米粉所含的是支链淀粉，胶性较强，淀粉酶的活力低，分解淀粉为单糖的能力很低，也就是说，缺乏发酵的基本条件；而它的蛋白质也不能产生面筋，没有保持气体的能力。因此，米粉虽可引入酵母发酵，但酵母繁殖缓慢（特别是在发酵初期），生成气体也不能被保持，没有面粉面团那样的发酵效果。所以用糯米粉和粳米粉制成的面团，一般都不能用作发酵，但籼米粉却可用于调制发酵面团。

（二）米粉面团的特性

1. 黏性强，韧性差
米粉中蛋白质和淀粉的含量虽同面粉相差不大，但性质差异很大。米粉面团中主要成分是淀粉，而且主要是支链淀粉，其特性是不溶于冷水，在热水中能大量吸水膨胀，黏性特强但韧性差。

2. 调制米粉必须使用热水
这主要是由米粉中占多数的支链淀粉的特性决定的，因此调制米粉面团往往采用"煮芡"和"烫粉"的方法来辅助操作。

3. 调制时必须掺粉
不同品种、不同等级的米磨成米粉，其软、硬、黏、糯的特性各有不同。为了使制品软硬适度，增加风味特色，常采用各种掺粉的方法。掺粉的比例对制品的质量影响很大，所以掺粉是调制米粉面团一道重要的工序。

（1）掺粉的作用

① 改进原料的性能，使粉质软硬适度，便于包捏，熟制后保证成品的形状美观。从米质上看，糯米粉、粳米粉、籼米粉等的硬度、黏度有很大差别。如果用单一一种米粉制作糕团点心，不利于加工成形；如果用几种米粉掺和，可起到互补作用。

② 扩大粉料的用途，使花色品种多样化。通过几种粉料的掺和作用，可进一步扩大各种米粉的用途。掺和不同的粉料能制成不同的产品。

③ 多种粮食综合使用，可提高制品的营养价值。为丰富面点品种，不仅可以在米粉与米粉之间掺和，也可以将米粉与其他粮食粉料（如豆粉、玉米粉、薯粉或泥蓉等）掺和，以增加制品的风味，并提高其营养价值。

（2）掺粉的方法

一般是根据不同品种要求，用不同比例来掺和米粉。常用的掺粉方法有以下三种：

① 糯米粉、粳米粉和籼米粉掺和。这是最常用的方法，其制品软糯、滑润，可制成松糕、拉糕等。

② 米粉与面粉掺和。在米粉中加入面粉，能增加粉团中的面筋质。例如，糯米粉中掺入适当的面粉，其性质黏糯有劲，制出的成品不易走样。

③ 米粉与杂粮粉掺和。在制作点心的过程中也会用到杂粮粉，如豆粉、薯粉、高粱粉和小米粉，都可以和米粉掺和使用。还可以掺入南瓜泥，如南瓜饼就是一例。

任务3.5　其他面团调制技艺

除以上四大面团以外，还有用蛋类调制的蛋和面团，用纯淀粉调制的澄粉面团，杂粮面团、果蔬面团以及用鱼虾茸调制的面团等。这些面团通过不同方法制成坯皮后，均能制作出具有独特风味的面点。

一、蛋和面团

蛋和面团，就是面团中含有蛋液或以蛋液为主要黏合剂的面团。这类面团的很多品种吸收了西式点心的制作特点，成熟后，具有酥香、爽滑、营养丰富的特点。蛋是这类面团的主要黏合剂。制作蛋和面团，以鲜鸡蛋为上乘，一般不用水禽蛋。因水禽蛋易被污染，且起松性没有鸡蛋好。蛋和面团又可分为纯蛋面团、油蛋面团、水蛋面团和水油蛋面团。这些面团由于性质、用途、熟制方法不同，调制方法也不同。

（一）纯蛋面团

纯蛋面团是以鲜蛋液与面粉为原料调制而成的面团。这种面团蛋液放得少，性质较硬，劲力很大，韧性很足，可擀制很薄的面皮。如绉纱小馄饨皮，就是用纯蛋面团制成的。其特点是小馄饨煮好后不糊，不烂，口感滑爽。这种面团除煮之外还可蒸、烤、炸。如采用煮的方法成熟，制品口感滑爽，不易糊烂；用烤、炸的方法成熟，制品口感酥、松、香、脆，如沙琪玛。如蛋液放得多并用物理膨松法进行调制则可制成松软酥脆的食品，如蛋卷、蛋糕、小杏仁饼干。为降低成本，在调制纯蛋面团时，有时也可以加入少量水。

（二）油蛋面团

油蛋面团是在面粉中加入鲜蛋液和油脂调制而成的面团。这种面团因加入了油脂，增强了面团的油润性，制成的面点更加酥松，如油蛋糕、曲奇饼干。

（三）水蛋面团

水蛋面团是以面粉、鲜蛋液、水为原料调制而成的面团。面团中因掺入了适量的水，所以比纯蛋面团软一些，兼具水调面团的一些特点。但吃口比水调面团爽滑有嚼劲，如伊府面、鸡蛋小刀面。

（四）水油蛋面团

水油蛋面团是在面粉中加入水、油脂、鲜蛋液调制而成的面团。这种面团既有水调面团的柔韧性、延伸性，又有油酥面团的柔软性和不粘性，还具有鸡蛋面团质地坚硬、劲力大的特点。制成的面点口味润美，色泽鲜明，并具有香、脆、酥、嫩等特点，可用来制作煎、炸、烤等制品，如金钱酥饼、鸡蛋葱油饼。

二、澄粉面团

澄粉面团，就是将澄粉即小麦淀粉（面粉经特殊加工而成）用沸水烫制而调成的面团，故又称淀粉面团。这类面团由于采用了纯淀粉，色泽洁白，并具有良好的可塑性，其制品成熟后呈半透明状，柔软细腻，口感嫩滑。如广式点心虾饺皮就是用澄粉面团制成的。

（一）澄粉面团的调制方法

调制澄粉面团一般要经过以下三个步骤：

（1）澄粉与水按比例配好，先将水放入锅中烧开，把澄粉倒入锅中，用勺子迅速搅拌，必须将粉与水拌和均匀并烫熟。

（2）将烫好的澄粉放在案板上，趁热将面团揉擦均匀，边揉边加入少许猪油直至揉透。

（3）再揉入一些玉米淀粉。

澄粉面团调制技艺微视频

（二）调制澄粉面团的操作要领

（1）掌握澄粉、生粉、水、油的配合比例。一般 500 g 澄粉，加入玉米淀粉 50 g，油 50 g，水 800 g。

（2）在烧水时要注意，水开后就要将澄粉倒入，不要让水长时间烧开，以免水分蒸发流失。

（3）澄粉烫好后一定要趁热擦透，否则面团易夹生，成熟时易开裂。

（4）揉入生粉的目的是使面团有劲力。面团揉好后，一定要用温布或保鲜膜包好，以免被风吹干结皮。

（三）澄粉面团的用途

澄粉面团常用于制作广式点心，如虾饺、粉果、水晶饼。另外澄粉面团还可以制作各种用于围边的象形面点。

三、杂粮面团

杂粮面团是指将杂粮或蔬菜类原料加工成粉料或将其制熟加工成泥蓉调制而成的面团。有的可单独成团，有的需和面粉、澄粉或其他辅料掺和调制成团。这类面团的成品具有营养丰富、制作精细、季节分明等特点。常见的杂粮面团有杂粮粉面团、根茎类面团、豆类面团、果类面团等。

（一）杂粮粉面团

杂粮粉面团即是将小米、玉米、高粱等磨成粉，加水调制或加入面粉掺和调制而成的面团。这类面团种类很多，可做成各种小食品，如黄米面炸糕、小米煎饼、玉米窝头等。

（二）根茎类面团

根茎类面团是指将马铃薯、山药、芋头、甘薯、南瓜等根茎类原料去皮煮熟，制成泥加入面粉或澄粉等粉料调制而成的面团。其成品软糯适宜、滋味甘美、滑爽可口，并带有浓厚的清香味和乡土风味，如山药糕、蜂巢荔芋角、南瓜饼。

（三）豆类面团

豆类面团是指将各种豆类（如绿豆、豌豆、蚕豆、赤豆）加工成粉、泥，或单独调制或与其他原料一起调制而成的面团。用这类面团制成的点心具有色泽自然、豆香浓郁、干香爽口的特点，如赤豆糕、绿豆糕、豌豆黄。

（四）果类面团

果类面团是指利用莲子、菱角、板栗等原料制成的粉、泥与其他原料，如面粉、澄粉、猪油，掺和调制而成的面团。由于所用原料性质不同，其调制方法也不同。常见的品种有马蹄糕、枣泥糕等。

四、鱼虾茸面团

在广式面点中有一些制品属于鱼虾茸面团制品。所谓鱼虾茸面团就是指利用鱼肉、虾肉制成泥茸，与澄粉或面粉、调味品配合调制而成的面团。此类面团的成品口味鲜美、营养丰富，但其制作要求较高。

鱼虾茸面团的一般调制方法是：先将鱼或虾肉切碎，放入粉碎机打成细泥茸，放进盆内加入适量的盐、水搅拌上劲，再加芝麻油、胡椒粉、味精等搅匀成为鱼虾胶，然后在鱼虾胶内拌入适量澄粉揉匀即可。如果用擀面杖擀成薄皮可用来做鱼、虾饺皮。

👆 知识链接

人工合成食用色素的调色原则

人工合成食用色素较天然食用色素色彩鲜艳、性质稳定、使用方便、成本低廉，但因其过量使用对人体有害，所以我国的食品安全标准（GB 2760—2014《食品添加剂使用标准》）对使用人工合成食用色素有严格规定。若用人工合成食用色素调制粉团，应遵循以下原则：

- 先调制浅色粉团，后调制深色粉团，以免相互混色。
- 调色时尽量不要直接用手接触色素，或在木案上调制。色彩中的基本色称为原色，原色可以合成其他的颜色，红黄蓝是我们常说的三原色，三原色相加就会成为黑色，紫色＝粉红色＋蓝色；橙色＝红色＋黄色，橙红＝红色（多）＋黄色，橙黄＝红色＋黄色（多）。

项目小结

　　本项目中我们认识到掌握面团的调制工艺是学好面点技艺的重要内容。根据用料的不同、调制方法的不同，面团一般可分为水调面团、膨松面团、油酥面团、米粉面团和其他面团。

　　水调面团在餐饮行业中应用极为普遍，适合制作皮薄馅多、造型美观的面点；膨松面团制品具有体积大、膨松柔软、松软可口的特点，根据膨松原理可分为生物膨松面团、化学膨松面团和物理膨松面团三种。只有了解膨松面团的膨松原理，才能更好地掌握膨松面团的调制和运用。油酥面团主要由水油面团和油酥面团组成，通过包酥、开酥等工艺，形成具有丰富酥层的酥皮，经包馅、成形制成酥点生坯。米粉面团在调制过程中要充分了解糯米粉、粳米粉和黏米粉的特性，米粉面团由于没有劲力，一般不能用于擀皮制品和发酵制品。

练习与拓展

一、填空题

1. 水调面团可分为_____、_____和_____三种。

2. 按水温的高低调制水调面团可分为_____、_____和_____三种。

3. 膨松面团可分为_____、_____和_____三大类。

4. 调制酵母发酵面团常用的酵母有_____、_____和_____三种。

5. 温水面团是用温度_____左右的水调制而成的面团。

6. 面种发酵面团可分为_____、_____、_____、_____和_____五种。

7. 在面种发酵面团调制中，检验施碱程度常用的方法有_____、_____、_____、_____、_____等。

8. 层酥面团由_____和_____两种面团组成，经包酥、擀酥形成层次丰富的面皮。

9. 酥皮的擀制方法有_____、_____和_____三种。

10. 米粉面团可分为_____和_____两大类。

11. 团类粉团可分为_____和_____两大类。

12. 澄粉面团是将澄粉即_____用沸水烫制而调成的面团。

二、选择题

1. 水调面团的特性是原料在与（　　　）的结合作用下形成的，原料在不同水温的作用下，产生各种不同性质的面团。

A. 水　　　　　　　B. 面粉　　　　　　　C. 酵母　　　　　　　D. 盐

2. 水调面团按调制水温的不同，又可分为（　　　）。

A. 冷水面团　　　　B. 温水面团　　　　　C. 浆皮面团　　　　　D. 热水面团

3. 调制水饺面团时面粉与水的比例是（　　　）。

A. 1∶0.3　　　　　B. 1∶0.4　　　　　　C. 1∶0.5　　　　　　D. 1∶0.6

4. 温水面团具有如下特点：（　　　）。

A. 色泽洁白　　　　B. 有延伸性　　　　　C. 可塑性较好　　　　D. 便于包捏

5. 调制温水面团时要注意的是（　　　）。

A. 灵活掌握水温　　　　　　　　　　　B. 热天用冷水

C. 要待面团中的热气散发后方可操作　　D. 保持面团中的热气

6. 热水面团的性质是（　　　）。

A. 柔软无筋　　　　B. 弹性好　　　　　　C. 可塑性好　　　　　D. 黏性小

7. 当水温（　　　）时，蛋白质能结合水分150%左右，经过揉搓，能逐渐形成柔软有弹性的胶体组织，俗称"面筋"。

A. 30 ℃　　　　　　B. 50 ℃　　　　　　C. 70 ℃　　　　　　D. 90 ℃以上

8. 在烫澄面时，水温应达到（　　　）。

A. 30 ℃以上　　　　B. 50 ℃以上　　　　C. 70 ℃　　　　　　D. 90 ℃以上

9. 膨松面团根据面团其膨松方法的不同，大致可分为生物膨松面团（发酵面团）、化学膨松面团、（　　　）膨松面团三大类。

A. 生态　　　　　　B. 泡打粉　　　　　　C. 物理　　　　　　　D. 自然

10. 热水面团适宜制作的品种有（　　　）。

A. 蒸饺　　　　　　B. 水饺　　　　　　　C. 锅贴　　　　　　　D. 烧卖

11. 活性干酵母是用（　　　）脱去一部分水分制成的颗粒状酵母。这种酵母含水量为8%~10%，色泽淡黄，具有清香味和鲜美滋味。

A. 低温干燥法　　　B. 高温干燥法　　　　C. 真空　　　　　　　D. 加热

12. 目前制作面包所用的发酵方法有（　　　）。

A. 酵母发酵　　　　B. 面种发酵　　　　　C. 泡打粉发酵　　　　D. 酒酿发酵

13. 酵面的发酵程度有下列几种:(　　　　)。

A. 发酵正常　　　　　B. 发酵不足　　　　　C. 发酵过度　　　　　D. 发酵超标

14. 影响面团发酵的因素主要有(　　　　)。

A. 泡打粉　　　　　B. 发酵温度　　　　　C. 面粉质量　　　　　D. 糖的用量

15. 物理膨松面团是利用机械力的充气方式和面团内的(　　　　)原理(包括水分因高温而汽化),在加热熟化过程中使制品保持气体而质地膨松。

A. 冷缩　　　　　B. 气化　　　　　C. 热膨胀　　　　　D. 微波

16. 使用"酵面蒸试法"检查进碱情况,当其达到正常时,观察面团会发现(　　　　)。

A. 色泽偏暗　　　　　B. 色泽偏黄　　　　　C. 色泽洁白　　　　　D. 表面光洁

17. 当面团重碱时,可加入适量的(　　　　)。

A. 老面　　　　　B. 碱液　　　　　C. 面粉　　　　　D. 酸醋

18. 由于配料不同、制作方法不同,单酥制品又可分为(　　　　)。

A. 浆皮类制品　　　　　B. 油炸类制品　　　　　C. 混酥类制品　　　　　D. 蛋糕类制品

19. 目前使用化学膨松剂效力较高,操作时必须掌握好用量。用量多则面团(　　　　);用量不足则成品不膨松,影响制品质量。

A. 干　　　　　B. 苦涩　　　　　C. 产生有害气体　　　　　D. 甜

20. 起酥的方法一般有(　　　　)。

A. 明酥　　　　　B. 大包酥　　　　　C. 暗酥　　　　　D. 小包酥

21. 酥皮类制品的常见坯皮有(　　　　)。

A. 大包酥　　　　　B. 暗酥　　　　　C. 小包酥　　　　　D. 半暗酥

22. 在起酥时,一般的要求是(　　　　)。

A. 水油皮硬、油酥软　　　　　　　　　B. 水油皮软、油酥硬

C. 水油皮、油酥二者的软硬度一致　　　D. 水油皮延伸性好

23. 米粉面团的特点是(　　　　)。

A. 延伸性好　　　　　B. 延伸性差　　　　　C. 韧性好　　　　　D. 韧性差

24. 为了适应品种制作的要求,在米粉糕类制品的生产中,常采用的方法有(　　　　)。

A. 将糯米粉与面粉掺和　　　　　　　　B. 糯米粉与粳米粉掺和

C. 糯米粉与籼米粉掺和　　　　　　　　D. 只用糯米粉

25. 水油面和干油酥的比例必须适当,如果油酥过多,不仅容易发生(　　　　)现象,而且容易出现露馅、成熟时易碎等问题。

A. 酥层不清　　　　　B. 成品坚实　　　　　C. 破皮　　　　　D. 炸不熟

26. (　　　　)是利用隔天的发酵面团所含有的酵母菌催发新酵母的一种方法。

A. 酵母发酵面团　　　　B. 面肥发酵面团　　　　C. 酒酿发酵面团　　　　D. 酒精发酵面团

27. 制作广东名点伦教糕的主要原料是（   ）。

A. 面粉　　　　　　B. 籼米粉　　　　　　C. 粳米粉　　　　　　D. 糯米粉

28. 调制松质糕粉团有一道重要工序是（   ）。

A. 煮芡　　　　　　B. 搓团　　　　　　C. 拌粉　　　　　　D. 烫粉

三、判断题

（　　）1. 水调面团的制品成熟后不易变形，成品美观。

（　　）2. 和冷水面团时，掺水量要视具体情况而定。

（　　）3. 用开水调制面团，其加水量要比和冷水面团要多些。

（　　）4. 调制澄粉面团时加入少许生粉，其作用是提高面团的韧性。

（　　）5. 引入酵母菌调制的面团称为发酵面团。

（　　）6. 发酵时间越长，则面团产生的酸味就逐渐减少。

（　　）7. 行业中常说：发酵面"天冷不易走碱，天热容易走碱"。

（　　）8. 发酵面团加碱过多后，如无老面，则可加入醋精。

（　　）9. 发酵时间越长，发酵面团就会逐渐变软。

（　　）10. 当酵母用量确定时，温度越高，则发酵时间就越长。

（　　）11. 当发酵时间固定时，温度降低，则应增加酵母的用量。

（　　）12. 发酵面团中用糖量增多，则发酵速度会延长。

（　　）13. 矾碱盐面团在调制过程中有冲"矾花"一道工序，其"矾花"是明矾和食用碱反应产生二氧化碳形成的。

（　　）14. 浆皮类点心是以面粉、油脂与糖浆为主要原料制作而成的。

（　　）15. 酥皮类制品是由水油皮和油酥面两块面团经包酥、擀制后制成有清晰酥层的坯皮，再经包捏成形的制品。

（　　）16. 起酥就是把油酥面包入水油皮中，经过不同的擀制，使其形成层次的过程。

（　　）17. 明酥是指制品的酥层能明显呈现于外面。

（　　）18. 暗酥是指制品的酥层藏在里面，不外露。

（　　）19. 糯米粉中的淀粉为100%的支链淀粉，成熟后其黏性比粳米粉大，所以黏质糕粉团以糯米粉为主。

（　　）20. 从米糕的制作技术角度看，糕类粉团可分为黏质糕粉团和松质糕粉团。

四、思考题

1. 水调面团又称"死面""呆面"，其面团有何主要特点？适于制作哪些面点品种？

2. 膨松面团有生物、化学和物理三种膨松方法，但面团要膨松应具备哪些条件？

3. 干油酥的调制与一般面团不同，其调制的操作要领是什么？

4. 试比较酵母发酵和面种发酵的优缺点。

1. 小陈用冷水调制澄粉面团，感到面团没有韧性，难以操作成形。请你指出其中原因。

2. 小赵和出的温水面团与冷水面团无异。请指出其中原因。

3. 现有一发酵面团，请你在 1 min 内鉴定出其发酵状况。

4. 在实习时，小吕制作的小笼包不受顾客青睐。顾客说：馅心味道还可以，就是皮子有点酸味，吃时不松软。请指出其原因。

5. 小张和小李同在一个培训班学习面点制作。在揉面基本功的练习中，小张揉得既快又好，得到老师的好评。而小李急得满头大汗仍不能在规定时间内将面团揉至达标。后来小张将自己的操作体会告诉小李后，小李的揉面技术也迅速提高了。请你指出其中的原因。

六、实践拓展

1. 在 10 min 内，将 250 g 面粉调和成冷水面团。

2. 请你在 10 min 内，将 250 g 澄粉调制成符合制作要求的澄粉面团。

3. 现有面粉 500 g，老面种 25 g，调和成面团，经 2 h 的发酵，检验其发酵程度。

4. 请你在 3 h 内，将干酵母 6 g、面粉 500 g 和成面团，并使其发酵成熟。

5. 请你在 30 min 内，综合运用加碱后的各种检验方法，完成 500 g 发酵面团的进碱。

6. "龙龙鲜"包子店的小笼包因其质量好而供不应求，顾客常常是排着队等待购买。小谢一看到顾客排成长龙，心里就着急。在对一块面团进碱时，结果造成面团碱重了。请你在 10 min 内帮她解决面团碱重的问题。

7. 在 30 min 内，利用下列原料调和成酥皮面团。原料：面粉 500 g、油 150 g、水适量。

8. 在 30 min 内，完成 15 件小包酥皮坯的包酥、擀酥。

项目 4　制馅技艺

项目描述

　　馅心在中式面点技艺中起到了独特的内涵和锦上添花的作用。本项目对馅心的特点、作用和制作要求进行了详细的介绍，通过学习，熟悉并掌握馅心原料的选用和加工处理的方法及常用馅心的制作方法、工艺流程和操作要领。

学习目标

- 了解馅心的特点、作用和制作要求。
- 掌握馅心原料的选用和加工处理的方法。
- 掌握常用馅心的制作方法、工艺流程和操作要领。

　　馅心，就是用各种不同原料，经过精心加工拌制和熟制而成，包入面点皮坯内的心子。制馅是面点制作技术中较为重要的工艺之一。制馅不但要充分了解各种面点所用皮坯的性质、成熟的特点、成品的形态，而且还要熟悉点心原料的选用知识、原料的加工处理方法、烹制调味的技术，更要熟练掌握各类馅心的制作技巧。馅心调制得好坏，直接影响面点的色、香、味、形、质、营养等诸多方面。

任务 4.1　馅 心 概 述

一、馅心的重要性

馅心制作是面点制作中非常重要的一道工序。馅心与坯皮相比，坯皮的制作主要决定面点的色和形，而馅心则是决定面点的香味和口感的。有些馅心还起着点缀造型、增加色彩的作用。

（一）确定面点的口味

包馅面点的口味主要是由馅心来体现的。这是因为一方面包馅面点制品的馅心占有较大的比重，一般是皮料占50%，馅心占50%，有的品种如烧卖、锅贴、春卷、水饺，则是馅心多于皮料，馅多达60%~80%；另一方面，人们往往以馅心的质量，作为衡量包馅面点制品质量的重要标准，包馅制品的鲜、香、油、嫩，实际上是馅心口味的反映。由此可见，馅心对包馅面点的口味起着决定性的作用。

（二）影响面点的形态

馅心与包馅面点制品的形态也有着密切的关系。馅心调制适当与否，对制品成熟后的形态能否保持"不走样""不塌形"有着很大的影响。一般情况下，制作花色面点品种时，馅心应稍硬些，这样能使制品在成熟后保持形态不变。在各式花样品种中，许多面点都用馅料来做装饰。如花色蒸饺，在生坯做成以后，再配以各色馅心，绿色的青菜、黄色的蛋黄、白色的鸡蛋清、红色的火腿等。这些色彩，把点心点缀得更加美丽。又如，制作松糕、八宝饭等面点时常用馅料在表面做成各种图案花纹，使其形态美观，富有艺术性。

（三）形成面点的特色

各种面点的特色，虽与坯料、成形加工和成熟方法有关，但馅心往往可以起到烘托作用，有时甚至可起到决定性的作用，并形成浓郁的地方风味特色。例如广式面点馅心的用料十分广泛，形成了制作精细、口味清淡、鲜嫩滑爽的风味特色，如虾饺、粉果、叉烧包；苏式面点馅心调料重、口味浓、色泽深，馅心汁多肥美；京式面点肉馅注重水打馅，口感松嫩。

（四）使面点花色品种多样化

由于馅心的不断变化，面点的特色也随之相应变化，这样就形成了面点的丰富多样性。

例如鲜肉饺、三鲜饺、菜肉饺，同样是饺子，因为馅心的不同，形成了不同的口味，增加了饺子的花色品种。

（五）决定面点的档次

面点的馅心往往决定了面点的档次。高档筵席中的面点品种通常都是有馅的，而且馅心的成本占面点总成本的 60% 以上。同一面点品种，由于馅心用料不同，成本、档次也完全不同。例如，蟹黄小笼包和鲜肉小笼包完全是两个档次。

二、馅心的特点

（一）取材广泛，选料讲究

面点馅心的用料范围是非常广泛的。广义地说，一般可以用来制作菜肴的原料都可以用来调制面点的馅心。不同面点对馅心原料的要求不尽相同，如调制猪肉馅，应选用夹心肉（前夹肉），这是因为夹心肉鲜嫩且吃水量大，调制馅心时吸水多，使得馅心汁多肥嫩；又如制作芹黄烧卖，芹黄要求选择芹菜心的几根嫩茎，因为这样的嫩茎既嫩又香，制作的烧卖香鲜可口。

（二）加工严谨，制作精细

馅心制作工艺复杂、技术性强、制作要求高。必须了解制品在口味、成形、成熟等方面的要求，考虑与成品质、味、香、色、形各个方面的配合，调制时每个步骤都要注意，否则制出的馅心难以符合使用要求。例如，用莲子做莲蓉馅，去皮和去心时不能用冷水久泡，也不能放置过久，否则会烧煮不酥；制泥和过筛时，要防止有莲蓉粒粗而不够滑润；炒制时要掌握软硬度，过硬，则成形时馅易破皮而出；过软，则制品易变形。

（三）品种丰富，口味多样

中式面点品种繁多、口味多样的一个主要因素就是馅心富于变化。从馅心用料上看，既有动物性原料，也有植物性原料；既有新鲜原料，也有干货原料。馅心原料的多样化，使得中式面点品种丰富多彩、口味变化多端。例如，包子加入豆沙就成了豆沙包，加入枣泥，就成了枣泥包。

（四）皮馅配合，各有特色

在面点制作中，皮坯和馅心是密切配合的，一般情况下是软皮配软馅，硬皮配硬馅。馅心的形状大小也是与皮料配合而制的。如粉果馅常用细粒馅，叉烧馅则要将叉烧肉切成指甲片大小。

三、馅心制作的要求

各类面点馅心的制作都有各自不同的特色，要使馅心味美可口，在制作时要注意以下六点：

（一）严格选料，正确加工

用于制作面点馅心的原料多而复杂，各种原料的性质不同，即使同类同种原料，质量也有差异。因此，应根据制品的要求严格选料，如做肉馅要选用新鲜的肉类，这样才能够达到肉嫩、鲜香、汁多的要求。尤其是在制作小笼包时，肉质越新鲜，吃水量也就越大。

原料加工时方法应正确，如制豆沙馅时，红豆要冷水下锅，旺火烧沸（事先不能浸在水中），以小火焖烂，只有这样，红豆才能出沙率高，炒制后较为细腻。

（二）根据面点要求，确定馅心的口味

面点不同于菜肴，一般都是单独食用的，而且很多品种馅心的占比很大。因此吃面点在某种意义上来说就相当于吃馅心。面点熟制后，馅心要失去一部分水分，口味偏向浓厚，因此馅心的口味一般较菜肴为淡。但具体调制时，要根据面点的特点和要求而定，如在水中煮的面点其馅心要偏咸些，因煮制过程中的水会使盐分流失；而在烘炉中烤熟的面点，馅心要偏淡些，因炉中温度高会使水分流失，而使馅心变咸。

（三）正确掌握馅心的含水量和黏度

制作馅心时，含水分过多，黏度就偏小；含水分过少，黏度就偏大，馅心干硬。二者都会直接影响面点的口味。因此，馅心的含水量和黏度要适当。在调制过程中，含水分多的生菜馅通常要挤去水分，还要加入油、鸡蛋等以提高黏度；生肉馅心由于原料含水分少、黏性足，因此通常需要加水或掺皮冻调制。

（四）馅心的配料比例要恰当

鲜美的馅心来源于合理地选用各种原料，调制每种馅心所需的原料少则几种，多则十几种，必须根据原料的性质和成品的要求加以合理地配合。如广式粉果馅，调制时需要加油、汤、生粉等，必须严格按比例配料，既不能多，也不能少。配少了，味道不鲜美；配多了，会出现诸多问题。例如，油多时边皮难以黏合，成熟后易开口；汤多则难以成形；粉多则失

项目 4 制馅技艺

去肉味，口感不佳。

（五）根据面点的造型特点制作馅心

面点成形后的形态丰富多样，各具特色，这与丰富繁多、调制得当的馅心有着密切的关系。软硬适当的馅心可以使成熟后面点的形态不走样、不坍塌。

（六）根据原料性质，合理投放原料

用于制馅的原料很多，但它们的性质却各不相同，只有正确使用这些原料，才能使馅心味美可口。否则，可能影响馅心的口味、质感，甚至还可能变质。例如，调制菜肉馅时，青菜经焯水后不能太熟，必须保持绿色，并且要挤干水分，以防止拌入其他原料后青菜"吐水"。

四、馅心的分类

面点的馅心种类繁多，且花色不一。能够作为馅心的原料非常丰富，即使是同一种原料，如果采用不同的配料、不同的调味方法和烹调方法，也可以制成风格各异的馅心。馅心的分类方法很多，常见的有以下四种。

（1）按馅心口味不同，可分为咸馅、甜馅和甜咸馅。

（2）按馅心所用原料性质不同，可分为荤馅、素馅和荤素馅。

（3）按馅心制法不同，可分为生馅、熟馅。所谓生馅，是将各种生的原料通过加工切配，用调味品拌和的方法制成，如小笼包、馄饨的馅心。所谓熟馅，是将原料经加热成熟后调制的馅心，如糯米烧卖的馅心。制作馅心的加热方法很多，有炒、煨、焖、烧、焯水、蒸、煮等。

（4）按原料的加工形态不同，馅心一般可分为丁、丝、片、泥茸等。

任务 4.2　咸 馅 制 作

在馅心制作中，咸馅具有用料广、种类多、使用广泛的特点。咸馅根据原料性质一般分为素馅、荤馅和荤素馅。馅心在调制前，一般都要将原料进行加工处理后才能使用。

一、咸馅原料的加工处理

（一）选料和初加工

咸馅原料主要有素料和荤料。素料多用新鲜蔬菜、干菜（如黄花菜、笋尖、蘑菇、粉丝）以及豆制品等；荤料多用禽畜肉、水产品和蛋制品，如猪、牛、羊、鸡、鸭、鱼、虾、蟹、蛋。无论荤素原料，都以质嫩、新鲜为好。

选料后，要做好初步加工。如肉类料要去骨、去皮、分档取料；各种蔬菜需洗涤、整理；干货原料应泡发。加工处理时特别应去掉原料中带有的不良气味，如苦涩味、腥膻味；对质地老的肉类，如牛肉，应适当加些小苏打腌渍使其变嫩。总之，馅料的初加工要根据馅心的要求，采取不同的方法进行处理（包括调味）。

（二）原料的形态加工

无论荤素原料，一般都要根据成形的要求加工成为细碎小料，如细丝、小丁、粒、末、茸、泥。这是因为皮坯性质柔软，如馅料不是细小碎料，很难包捏成形。馅料大多包在面点内部，如不细碎，在熟制时，就不易成熟，容易产生皮熟则馅生、馅熟则皮烂的现象。茸泥要处理得越细越好，丁、丝、块等也要切细一些，不能过大。细碎是制馅心的共同要求，但是也要按照面点馅心的要求来确定，并注意规格。细丝、小丁、粒、末、茸（蓉）、泥的加工，都要符合标准，不能大小不一或厚薄不均。

二、咸馅的制作

（一）素馅的制作

素馅即是用各种新鲜的蔬菜、豆制品及干菜等原料制作而成的馅心。素馅有全素馅和半素馅之分。全素馅所用原料全部是植物性原料，不使用任何动物性原料。全素馅一般使用很少，因拌馅时难免要加少量动物性原料以提升其营养价值与口感。半素馅则可以加猪油、海鲜、鸡蛋之类。这两种馅心虽有区别，但都以蔬菜为主料，再配以其他的调料和辅料。蔬菜中的叶菜类、根茎类、食用菌类、瓜果类等均可用作素馅原料。

根据制作方法的不同，素馅还可分为生菜馅和熟菜馅两种。

1. 生菜馅

生菜馅多用新鲜蔬菜，如叶菜、茎菜、花果类菜制作。其调制的一般工艺流程：

配料→摘洗→焯水→刀工处理→水分处理——<u>加入调料</u>→拌匀成馅

生菜馅的一般调制方法是将新鲜蔬菜经过摘洗加工后，把生料加工处理成小料，经过腌渍、拌制而成，如白菜馅、韭菜馅、萝卜丝馅。其特色是可保持原料原有的香味和营养成分，食用时味美可口，可用于包制水饺、包子、馄饨等。也可将素菜摘洗整理后，用沸水稍加焯水，再用刀剁碎，挤压出水分后，加调味品拌和而成，这样可增加菜馅的柔软性，便于包捏成形。这种制法能去掉蔬菜本身的异味、苦涩味，但又不同程度地损失了一部分营养成分，因此，焯水的时间一定要短，以尽量减少营养损失。

全蔬菜作馅时，经过挤压处理后，水分仍然较多，很松散，不利于面点包捏成形，必须适当加入具有黏合作用的辅料以增强其黏性。常用的黏性配料有油脂（包括植物油、动物油）、鸡蛋、酱等。下面介绍萝卜丝馅的调制方法。

原料：白萝卜 750 g，火腿 30 g，猪板油 150 g，葱花、精盐、味精及少许芝麻油。

制作过程：

（1）将白萝卜洗净加工成细丝，并用盐腌渍 30 min。

萝卜丝馅的
调制微视频

（2）火腿切成末，猪板油切成很小、很细的粒。

（3）萝卜丝挤干水分，放入火腿末、猪板油粒、葱花、精盐、味精，再拌入芝麻油增加香味即可。

注意事项：白萝卜去异味的方法与其他蔬菜不同，如用焯水方法，会使白萝卜的清香味散失。白萝卜经刀工处理后，用盐腌制 10 min，再用清水漂洗，既可以去异味又可以保持白萝卜的清香味和脆性。

2. 熟菜馅

熟菜馅一般选用新鲜蔬菜、干制品及一些豆制品为原料。常用的原料有黄花菜、笋尖、蘑菇、木耳、粉条等，也可使用一些新鲜的蔬菜配合香菜、冬笋、青菜等，但比重较小。在制作方法上，蔬菜原料都要经过初步熟处理和煸炒烹制。熟菜馅常用于制作各式花色点心，食用时鲜嫩可口，油肥味浓，通常有干菜馅、雪菜冬笋馅、什锦素菜馅等。

熟菜馅调制的一般工艺流程：

配料→泡发或焯水→水分处理→刀工处理→烹调→成馅

下面分别介绍雪菜冬笋馅和腰果馅的调制方法。

（1）雪菜冬笋馅的调制方法

原料：雪菜 500 g，去皮冬笋 100 g，白糖 60 g，生油 100 g，鲜汤、糖、胡椒粉、盐、酱油、鸡精少许。

制作过程：

① 将雪菜洗净，挤干水分并切成小粒。

② 冬笋用冷水焯水（去苦涩味）后切成小粒。

③ 锅内放油，将雪菜放入煸炒后加入糖、冬笋粒一起煸炒，煸好后加入鲜汤、盐、胡椒粉、鸡精、酱油等调味品焖烧数分钟，待汤汁吸收后即可。

雪菜冬笋馅的调制微视频

（2）腰果馅的调制方法

原料：腰果 500 g，猪油 80 g，椒盐少许。

制作过程：

① 将腰果放油锅内氽熟、冷却。

② 将腰果切碎，拌入猪油，加入椒盐即可。

（二）肉馅的制作

肉馅的用料较广，它大多以禽畜肉、野味和水产品为原料调制而成，如猪、羊、牛、鸡、鸭、鱼、虾、蟹、蛋以及野鸡、野鸭、海参等，有时适当配点辅料。用于肉馅的原料以新鲜、柔嫩为好。在制馅之前，还要将肉去骨、去皮进行初步加工。特别是原料中的不良气味，都要处理掉，对纤维粗、质老的肉类，如牛肉，要适当加些小苏打或嫩肉粉，使其嫩化，达到美味可口的效果。肉类馅心可分为生肉馅和熟肉馅两类。

1. 生肉馅

生肉馅用料广泛，一般是以畜肉为主，配入禽类和水产类原料，形成多种多样的馅心。如鲜肉馅加入虾仁，即为虾仁馅；加入鸡肉，即为鸡肉馅；加入蟹肉、蟹黄即为蟹粉馅。调制生肉馅时一般要加入水（或掺冻）和调味品，用力顺一个方向搅拌上劲，故又称"拌馅"。拌生肉馅的质量要求是鲜香、柔嫩、多卤。制作生肉馅的一般工艺流程：

选料→加工处理→调味→增卤处理→搅拌上劲→静置→成馅

（1）猪肉馅的制作

原料：猪肉 500 g，皮冻 200 g，酱油 20 g，盐 15 g，糖 5～15 g，芝麻油、味精、葱、姜末、胡椒粉适量。

猪肉馅是最基本、使用最多的生肉馅，要调制得可口、鲜嫩、别有风味，应掌握以下几个环节：

① 选料。猪肉馅应选用"前夹心肉"为原料。前夹心肉的特点是肉质细嫩，筋短且少，有肥有瘦，肥瘦相间，调制时吃水多，胀发性强，有肥厚之感。瘦肉与肥肉的比例一般为 6∶4 或 5∶5，肥肉太多会使馅心产生油腻感，瘦肉太多馅心则会显得口感较老。

猪肉馅的调制微视频

② 注意加工方法。以剁成茸为宜，肉要剁得细，不能连刀或有未剁碎的小块。有些厨师为使肉质肥美，在肉皮上剁肉，这样既可避免砧板上的木屑粘在肉茸中，也可增加肥肉的比例。目前大多使用机器粉碎猪肉，加工速度和效果比手工操作强好多倍。

③ 灵活使用调料。拌制肉馅时，如不立即使用，馅中应少放绍酒，因酒中乙醇久置容

易使肉产生酸味。可用葱、姜、胡椒粉等去腥起香。肉馅中使用的调料南北方各异,南方地区可适当增加一些糖,北方地区则少放一些糖。

④ 正确掌握吃水量。吃水亦称加水,是使肉馅鲜嫩含卤的好方法。通常剁成或绞成的馅,肉质黏而老重。为使肉馅松嫩多汁必须适当加一些水,但必须掌握吃水量。加水太少则肉馅不嫩,加水太多肉馅会出水,不易成形。吃水量一般根据肉的肥瘦以及肉的质量而定。新鲜夹心肉吃水较多,每 500 g 肉可吃水 200~250 g,500 g 五花肉吃水 100~125 g。按此吃水量,肉馅搅拌后,能形成稠粥糊状。水和调料的投放要有先后顺序,一般先放盐、酱油,后放葱姜汁,否则调料不能渗透入味,而且水分也吸不进去。加水时可采用多次加入法,否则由于一次"吃"不进这么多水,会出现瘦肉、肥肉和水分离的现象。加水后要顺着一个方向搅拌,搅动要用力,边搅边加水,搅到吃水充足、肉馅起黏为止,这就是一般所称的肉馅"上劲"。肉馅只有上劲了水才不会被"吐"出来。检验肉馅是否上劲,可将一小勺肉馅放入冷水里,如肉馅浮起来则说明已上劲,反之则未上劲。肉馅拌好后,放入冰箱静置 1~2 h 即可使用。加水拌馅是北方常用的方法,如著名的天津狗不理包子的肉馅就是加水搅拌的。

⑤ 掺冻和制皮冻的方法。为了增加馅心卤汁,但在包馅时仍保持其稠厚状态,可以在搅拌肉馅时适当掺入一些皮冻,如小笼包、汤包的馅心,都掺有一定量的皮冻。掺冻量应根据制品皮坯的性质与品种的要求而定。组织紧密的皮坯,如水调面团或嫩酵面制品,掺冻量可以多些,汤包的掺冻量最高,每 500 g 肉馅掺冻 300 g 左右;而用发酵面团制皮坯时,掺冻量则应少一些,每 500 g 面团掺冻 200 g 左右。否则汤汁太多,被皮坯吸收后,易发生穿底、露馅等现象。

皮冻又称"皮汤",简称"冻"。常用的皮冻有两种,一种皮冻是用鸡肉、猪肉、鸡爪、猪蹄等较高档的富含胶原蛋白质的原料制成。具体制作方法是:将原料与水以 1∶3 的比例配好,烧煮、焖烂后端锅离火,将原料捞出,待汤冷却凝结成冻时将其切碎投入肉馅拌匀即可。这种冻也可以直接用来做馅,如扬州汤包的馅心就是用这种冻做馅心的,其特点是汤汁鲜美、味道醇厚,但成本较高。另一种皮冻则是用肉皮熬制而成,其方法为:将肉皮洗净,除掉猪毛,整理洗涤干净后,放入锅中,加水将肉皮浸没,在明火上煮至用手指能捏碎肉皮时捞出,然后将肉皮用绞肉机搅拌或用刀剁成粒末状,再放入原汤锅内加葱段、绍酒、姜块,用小火慢慢熬煮,并不断舀去浮起的油污直至呈黏糊状后盛出,装入洁净的容器内冷却(最好过滤一下)凝结成皮冻。皮冻的加水量一般为 1∶(2~3),即 500 g 肉皮可加水 1 000~1 500 g。加水量可按气候变化增减,夏天水少放一些,以免制成的硬冻遇热熔化;冬天水可多放一些,制成软冻。使用时,需将皮冻再绞碎或剁碎掺入肉馅中。

(2) 牛肉馅的制作 牛肉馅一般在西南地区、清真饭店使用较多。选料要求:制作牛肉馅应选用牛腰板、牛颈、牛前腿等部位的肉,这些部位肉质较嫩,吃水量较多。

原料:牛肉 500 g,肥膘 100 g(清真饭店不用),清水 250 g,苏打粉、白糖、酱油、精盐、胡椒粉、葱姜末、麦淀粉、陈皮、芝麻油、花椒适量。

制作方法：将牛肉绞成肉末，用苏打粉、精盐拌和搅打，边搅边加入水，上劲后静置1 h再加入上述调味料即可。

（3）虾肉馅的制作

原料：新鲜虾肉500 g，肥膘50~100 g，鸡蛋1~2个（取其蛋清），精盐、胡椒粉、葱姜末、芝麻油、味精适量。

制作方法：将虾肉洗净，吸干水分，压烂成泥，肥肉切成细粒，放入盆内加盐和蛋清调制起劲，再拌入调味料即可。

2. 熟肉馅

熟肉馅可用多种加热方法烹制而成，口味要求是油重、味鲜、吃口爽。其制作方法根据烹调加工的先后顺序，又可分为先成形后烹制和先成熟后切配调制两种。先成形后烹制的有三丁包馅、三丝春卷馅等，先成熟后切配调制的如叉烧包馅。

（1）熟肉馅调制的一般工艺流程

① 先成形后烹制馅心的一般工艺流程：

配料→初步加工→刀工成形→烹制调味→拌和→成馅

② 先成熟后切配调制馅心的一般工艺流程：

选料→初步加工→烹制调味→切配成形→勾芡调制→成馅

（2）熟肉馅的调制方法

① 原料成形：应加工成丁、丝、米、粒等小型原料。

② 馅料煸炒时的汤汁调味和勾芡，要做到卤汁紧包、油不外露、口味适中。

③ 先成熟后切配调制的原料在成熟时要入味。

（3）熟肉馅实例

三丁馅　三丁馅是以三种原料为主，经烹制而成的馅。各地三丁馅的选料有差异，调味也略有不同，以扬州市"富春茶社"的传统三丁大包久负盛名。

原料：猪肋条肉500 g，熟鸡脯肉250 g，熟冬笋250 g，虾籽6 g，酱油90 g，绵白糖20 g，水淀粉25 g，葱8 g，姜8 g，绍酒5 g，鸡汤400 g，盐10 g。

制法：将葱、姜洗净，放入碗内捣碎后加清水100 g，浸泡成葱姜汁；将猪肉放入锅内加水烧开，焯水后捞出；将猪肉切成大块，放入清水锅中煮至七成熟后捞出，晾凉备用；用刀将猪肉切成边长0.7 cm的丁；鸡肉用水煮过，晾凉切成同样的丁；冬笋切成边长0.5 cm的丁待用；锅内加少许的油，烧热放入肉丁、鸡丁、笋丁稍加煸炒，加料酒、葱姜水、酱油、虾籽、白糖、鸡汤、盐等，用旺火煮沸入味，用湿淀粉勾芡。待卤汁渐稠后出锅，装入馅盆即成三丁馅。

质量要求：馅粒均匀，味鲜美纯正，芡汁明亮、不黏糊。

三丁馅的调制微视频

注意事项：三丁的比例要恰当，鸡丁略大于肉丁、笋丁；卤汁与三丁的比例要适中，卤汁过多或过少都影响口感。

三丝春卷馅　春卷馅的品种较多，口味多样，有咸有甜，有荤有素。三丝春卷馅是江浙一带较喜食的一种馅，是选用三种动植物原料切成细丝，经炒制而成的一种馅心。

用料：猪肉丝 250 g，笋丝 150 g，冬菇丝 150 g，韭黄 100 g，黄酒 40 g，酱油 20 g，盐 2 g，味精 2 g，白糖 5 g，生油 40 g，水淀粉、葱姜丝适量。

制法：起锅放入底油，烧热，放入葱姜丝炝锅，放肉丝煸炒，烹黄酒、酱油、盐、味精、白糖，再放笋丝、冬菇丝炒出香味，勾水淀粉芡；将韭黄拌在炒熟的馅里即可。

质量要求：丝细均匀，色泽淡黄，口味咸鲜嫩滑。

注意事项：三丝要切得细；肉丝既可以上浆过嫩油滑开，也可以如上述方法煸炒（煸炒的干香，滑炒的软滑）；酱油不要过多，芡汁一定要合适，不要过稠或过稀。

叉烧馅　叉烧是广东著名烧烤，甘甜可口，甜蜜怡人，故又称蜜味叉烧。

原料：选用半肥半瘦的猪臀肉或腿肉 1 000 g，盐 20 g，鸡蛋 8 只，白糖 60 g，生抽 20 g，绍酒 20 g，味精、芝麻油、胡椒粉、葱、姜、红米水适量。

制法：将洗净的猪肉切成长约 10 cm、宽 4 cm、厚 2 cm 的长条，用精盐、生抽、白糖、绍酒、姜、葱、少许红米水腌渍 2~3 h 后将腌好的肉用钩子挂起，吊在烤炉内，烤约 40 min，熟透后刷上芝麻油即制成叉烧。把叉烧切成黄豆大小的粒备用。在锅内加入适量精盐、味精、白糖、生抽、芝麻油、胡椒粉、料酒、葱末、水和蛋液（8 只蛋）拌匀勾芡，再放入叉烧粒拌匀即成叉烧馅。

（三）菜肉馅的制作

菜肉馅是将动物性原料与植物性原料及其制品配合，经加工、调味拌制或烹调而成的馅心。这类馅心的特点是有荤有素、荤素搭配。这不仅在营养成分的配合上可以互补不足，而且在水分、黏度、脂肪含量等方面也符合制馅要求。因此，菜肉混合的馅心使用较为广泛，口味也较为丰富，一般以生馅居多。生馅制品成熟后鲜嫩爽口、卤汁丰富；熟馅制品风味突出，油润馨香。

1. 生馅

生馅即生菜肉馅，是将动物性原料和植物性原料及其制品配合，经加工、调味、拌制而成的馅心。在原料的使用上，多采用猪肉，其次是虾肉、鱼肉、鸡肉等，再适当添加一些蔬菜，如荠菜、青菜、白菜、韭菜。

（1）生菜肉馅调制的一般工艺流程

$$动物性原料 \rightarrow 加工处理 \xrightarrow{调味料} 搅拌（上劲）\xrightarrow{蔬菜及其制品} 调味拌制 \rightarrow 成馅$$

（2）生菜肉馅实例

芹菜馅

原料：芹菜心 200 g，鲜肉 500 g，葱姜汁、酱油、糖、盐、味精、胡椒粉、芝麻油适量。

制作方法：

① 将鲜肉拌成鲜肉馅。

② 将芹菜心切成小细粒，拌入肉馅中即可。

2. 熟馅

熟馅即熟菜肉馅，是肉经过烹制再加入加工后的蔬菜拌匀而成的馅心。也有的熟菜肉馅是将动物性原料加工后与蔬菜或其制品同时烹制而成。

（1）熟菜肉馅调制的一般工艺流程

① 动物性原料→加工处理→烹调 ——处理后的蔬菜及其制品——→ 拌制→成馅

② 动物性原料→加工处理 ——处理后的蔬菜及其制品——→ 烹调勾芡拌制→成馅

（2）熟菜肉馅实例

猪肉梅干菜馅

原料：梅干菜 500 g，猪腿肉 500 g，猪油 100 g，绍酒 25 g，酱油、味精、白糖、精盐、葱、姜、水淀粉各适量。

制作方法：

① 将梅干菜洗净，浸泡 5~6 min，捞起挤干后切成碎末。

② 将猪腿肉切成黄豆丁。

③ 锅内加入猪油，煸香葱、姜，倒入肉丁煸炒后再加入梅干菜，继续炒片刻，加入绍酒、酱油、白糖、味精、盐、水等用大火烧开后，小火焖 1 h 左右，待卤汁即将收干时用水淀粉勾芡、翻拌，出锅即可。

注：要选用叶多、根少、质量好的梅干菜。

芹菜馅的调制微视频

猪肉梅干菜馅的调制微视频

任务 4.3　甜馅制作

甜馅制作是面点馅心制作中的重要组成部分。无论南方还是北方，甜点总是丰富多样的，而南方人对甜食尤为喜爱。各地甜食，从原料取用、调制方法、花式形态、口味调制等方面都有不同的特点。甜馅以糖为基本原料，再配以各种豆类、果仁、蜜饯、油脂等，形成独特别致的风味。甜馅按其制作特点，可分为生甜馅和熟甜馅两大类。

项目 4　制馅技艺

一、甜馅原料的加工处理

（一）选料和初加工

甜馅多与糖、油和各种豆类、鲜果、干果、蜜饯以及果仁作为原料配合使用。这些原料在存放中易受到虫蛀、鼠害，或出现部分发霉变质的现象，在选用时要注意挑选。一些原料带有壳、皮、核等不能食用的部分，应在加工处理时去掉。

（二）加工成形

甜馅料一般有泥蓉和碎粒两种。泥蓉是将原料分别采取不同的加工方法，如蒸煮焖烂成泥，或经焯水后搓擦成泥，也可磨碾成泥。碎粒就是将原料斩细剁碎，但在斩细剁碎之前，有的须经水泡、油炸、炒熟等过程。

二、甜馅的制作

（一）熟甜馅的制作

熟甜馅一般是将原料制成泥蓉或碎粒，再加糖炒制（或蒸制）成熟的一种甜馅。其特点是：口味清甜油滑，质地细腻软糯，是一种广泛使用的馅心。常用的有豆沙、枣泥、薯泥、豆蓉、莲蓉、奶黄馅等数种。

熟甜馅调制的一般工艺流程是：

$$配料 \rightarrow 熟制 \rightarrow 去皮、去核 \xrightarrow{加工} 泥蓉 \xrightarrow{油、糖} 炒制（或蒸制）\rightarrow 成馅$$

1. 豆沙馅

原料：赤豆 500 g，白糖 600 g，生油（或猪油）150 g（广式还需加面粉 125 g、青矾 2 g，碱液少许；北方还需加桂花适量）。

豆沙馅的调制微视频

制作方法：赤豆洗净加冷水 1 500 g，下锅煮烂（为加快速度可用高压锅），捞出晾干。或连皮磨碎（此为粗沙），或放入筛内加水搓擦去皮、出沙（此为细沙）。然后将豆沙连水灌入布袋内，压干或吊干备用。再将豆沙放入锅内，加油、糖同炒，炒至豆沙中水分基本蒸发、变干，呈稠浓状，用手试摸不粘手，上劲能成团即可盛起，冷却即成。

豆沙馅的质量要求：豆沙馅应呈黑褐色，光亮，细而不腻，甜而爽口。

豆沙馅的操作要领：

① 煮焖赤豆时必须冷水下锅，旺火烧开，小火焖煮。

② 豆子煮得越烂越好，豆子越烂出沙率就越高。有时为了提高煮制速度，行业中常在煮豆时加少许食用碱，但这样做豆子会损失部分营养成分。

③ 在出细沙时，要把豆子放在筛子（细眼筛）上或置于盆中，边加水边擦，这样豆皮就能全都擦出。

④ 炒沙时要不停地铲锅底，炒至将好时改为小火，以免炒焦而生苦味。大量炒制时，开锅后豆沙沸腾易溅出而伤手，要注意安全，炒沙时间为45～60 min，才能收干水分。

⑤ 根据制品的要求炒制豆沙。粗沙与细沙的区别在于粗沙连皮一起绞碎，炒好后能吃出豆皮，沙较粗、较厚；细沙已去皮，炒制后较薄，口感较细腻。粗沙、细沙各有特点，可根据制品的要求选取炒制方法。有时在炒时适量放些面粉，以增加豆沙的厚度。厚豆沙比较适宜制作油酥类点心，较薄的豆沙适宜制作发酵面类点心。

2. 芋泥馅

制作芋泥馅应选用松粉芋头（个大，一般每个重500 g左右）作原料，如荔浦芋头。

原料：芋头1 000 g，白糖200 g，油150 g，桂花、葱、精盐少许。

制作方法：

① 将芋头蒸熟，去皮，搅成泥状。

② 将葱切成细末。

③ 锅内放入油，将葱略煸炒，放入芋泥、糖，用勺子不断地翻炒，炒时加少许盐（加盐的目的是使甜味更纯）、桂花，用中火烧至不粘勺、不粘锅即可。

芋泥馅的质量要求：色泽光亮，香甜软糯可口。

（二）生甜馅的制作

生甜馅是将各种甜馅原料经加工整理拌和而成的。这类馅心的工艺虽不复杂，但选料要求严格。

生甜馅调制的一般工艺流程：

选料→加工处理→拌擦→成馅

1. 水晶馅

水晶馅是点心中常用的甜馅，其特点是香、油、肥、亮，可用来制作水晶包、猪油包等特色品种。

原料：去皮生板油或猪油1 000 g，白砂糖1 500 g，酒25 g，面粉150 g。

制作方法：

① 将板油去皮切成丁，并用酒腌渍1 h。

② 将白砂糖倒入板油丁中拌匀，放在阴凉通风处腌渍3～5天。

水晶馅的调制微视频

③ 使用时加入面粉，搓擦和匀即可。

2. 麻蓉馅

麻蓉馅的特点是香甜油润，常用作汤团、包子、饼类等制品的馅心。

原料：黑芝麻 1 000 g，生板油 2 000 g，糖粉 2 000 g。

制作方法：

① 将黑芝麻炒熟，碾碎成粉末。

② 生板油去皮搅成蓉。

③ 将芝麻粉、生板油蓉、糖粉混在一起，揉擦成坨即可。

3. 五仁馅

五仁馅是以糖为主料，配以核桃仁、瓜子仁、杏仁、榄仁、芝麻仁五种果仁拌制而成的一种生甜馅。五仁馅的各地制法不同，原料也可以更换，如可加花生仁、松子仁，更换以上任何两种果仁。

原料：核桃仁 200 g，瓜子仁 100 g，杏仁 50 g，榄仁 150 g，芝麻仁 150 g，白糖 1 000 g，橘饼 50 g，冬瓜糖 300 g，桂花糖 50 g，冰肉 200 g，花生油 500 g，糕粉 500 g，水 400 g。

制作方法：

① 将核桃仁、瓜子仁、榄仁入烤箱烤熟至香，芝麻仁炒香碾碎，核桃仁切成粒。

② 将五仁加白糖、花生油、各种果脯丁、水一起拌均匀，最后加入糕粉拌匀即可。

质量要求：香甜、松脆、果仁味浓。

注意事项：各种果仁一定要新鲜，不要有异味；只有掌握馅心的软硬度才便于包捏成形；糕粉一定要最后加入拌匀，并放置 30 min。

👆 **知识链接**

馅心分类表

口味	生熟	种类	
		类别	举例
咸馅	生咸馅	生蔬菜类	韭菜馅、白菜馅、翡翠馅、豇豆馅等
		干货蔬菜类	香菇馅、马齿苋馅等
		畜肉类	猪肉馅、牛肉馅、羊肉馅等
		禽肉类	鸡肉馅、鸭肉馅等
		水产类	虾肉馅、鱼肉馅等
		其他类	菜肉馅、三鲜馅等

口味	生熟	种类	
		类别	举例
咸馅	熟咸馅	畜肉类	叉烧馅等
		禽肉类	三丁馅等
		水产类	蟹肉馅、鱼米馅等
		干货果品蔬菜类	素什锦馅、海参丁馅等
		其他类	素五丁馅、韭黄肉丝馅、梅干菜馅等
甜馅	生甜馅	粮油类	水晶馅、麻仁馅等
		干果蜜饯类	五仁馅、枣泥馅等
		豆类	蚕豆馅等
		水果类、花类	榴梿馅、玫瑰花馅等
	熟甜馅	豆类	豆沙馅、豌豆蓉馅等
		干果蜜饯类	枣泥馅、莲蓉馅等
		其他类	五仁馅、冬蓉馅等
咸甜馅	生甜咸馅		玫瑰椒盐馅等
	熟甜咸馅		奶油蛋黄馅等

项目小结

　　本项目主要介绍了馅心的概念、特点、重要性和制作的要求，着重介绍了咸馅、甜馅的制作及其实例的操作。

练习与拓展

一、填空题

1. 馅心的分类按口味可分为＿＿＿＿＿＿和＿＿＿＿＿＿；按原料可分为＿＿＿＿＿＿、

_____和_____；按加工工艺可分为_____和_____。

2. 无论荤素原料，一般都要根据成形的要求加工成为细碎小料，如_____等。

3. 生菜馅一般的工艺流程是：_____。

4. 熟肉馅一般的工艺流程是：_____。

5. 在调制生肉馅中，为了增加馅心的卤汁可采用_____和_____两种办法。

6. 五仁馅主要是指_____、_____、_____、_____、_____五种原料。

7. 水晶馅的特点是_____。

8. 熟甜馅的一般工艺流程是_____。

9. 咸馅原料主要有_____和_____。

10. 甜馅多以_____、_____和各种豆类、鲜果、干果、蜜饯以及_____作为原料配合使用。

二、选择题

1. 馅心对包馅品种具有重要的意义，其具体表现在：（　　）。

A. 确定面点的口味　　　　　　B. 形成面点的特色　　　　　　C. 使面点品种多样化

D. 体现了顾客的要求　　　　　E. 决定面点的档次

2. 甜馅按其制作特点，又可分为（　　）。

A. 奶黄馅　　　B. 泥蓉馅　　　C. 果仁蜜饯馅　　　D. 五仁叉烧馅　　　E. 糖馅

3. 馅心以生熟程度分为（　　）。

A. 荤馅　　　B. 生馅　　　C. 素馅　　　D. 熟馅　　　E. 肉馅

4. 馅心以口味分为（　　）。

A. 咸馅　　　B. 甜馅　　　C. 咸甜馅　　　D. 熟馅　　　E. 生馅

5. 馅心以所用原料性质分为（　　）。

A. 荤馅　　　B. 生馅　　　C. 素馅　　　D. 熟馅　　　E. 荤素馅

6. 生肉馅，如以 500 g 肉茸为准，一般吃水量为（　　）。

A. 225 g 左右　　　B. 240 g 左右　　　C. 250 g 左右　　　D. 260 g 左右

7. 生鲜肉馅，一般情况下，每 1 000 g 馅料加皮冻（　　）。

A. 450 g 左右　　　B. 500 g 左右　　　C. 550 g 左右　　　D. 600 g 左右

8. 常用于豆沙馅心制作的豆类有（　　）。

A. 红小豆、绿豆、四季豆　　　　　　B. 红小豆、豇豆、四季豆

C. 红小豆、大豆、扁豆　　　　　　　D. 红小豆、绿豆、豌豆

9. 皮冻馅的制作过程是（　　）。

A. 初加工、熬制、冷冻　　　　　　　B. 初加工、熬制、绞碎

C. 初加工、绞碎、冷冻   D. 初加工、烫毛、熬制

10. 最适宜于制作馅心的猪肉部位是（   ）。

A. 前蹄髈   B. 背脊   C. 前夹心肉   D. 后臀尖

三、判断题

（   ）1. 在拌馅时，由于调味品不易渗透进去，因此要将整块原料切碎。

（   ）2. 生馅就是指原料经刀工处理后，还需要进行烹炒、调味等工序。

（   ）3. 馅心调制适当与否，对制品成熟后其形态能否保持不走样有着很大的关系。

（   ）4. 调制虾肉馅的主要原料有熟虾肉、肥肉、瘦肉、笋丝、鱼肉等。

（   ）5. 制作豆沙馅的主要原料有莲子、绿豆、黄豆、白糖、油等。

（   ）6. 在调馅打胶时，应该是先将猪肉（预先剁好或绞成茸）与水充分拌和，否则打不起胶。

（   ）7. 为了使小笼包在包馅后仍保持其形态，可以在搅拌肉馅时适当掺入一些皮冻。

（   ）8. 肉馅的用料较广，它大多以禽畜肉、野味和水产品为原料调制而成。

（   ）9. 全蔬菜作馅，经过挤压处理后，水分仍然较多，很松散，不利于面点包捏成形。

（   ）10. 猪肉馅瘦肉与肥肉的比例一般为 7 : 3，瘦肉太多馅心会显得较老。

四、思考题

1. 在面点制作中，馅心的重要性体现在哪些方面？

2. 我国面点馅心的主要特点有哪些？

3. 生肉馅和熟肉馅在其制作方法上有何不同？

4. 制作熟菜馅应掌握哪些要点？

五、案例分析

1. 小陈制作出的水饺个个饱满，成熟后无破皮现象，但吃时味淡。请指出原因。

2. 小刘不论怎样做蚝油叉烧包，都是馅心中只有叉烧，无芡汁。请你帮助他解决这个问题。

3. 麻蓉馅的特点是甜香滑润，可小李制作出的麻蓉馅不香。请你帮他指出其中的原因。

六、实践拓展

1. 在 30 min 内，制作完成鲜肉馅成品 500 g。

2. 在 30 min 内，制作完成菜馅成品 500 g。

3. 在 30 min 内，制作完成虾肉馅成品 500 g。

4. 在 30 min 内，制作完成麻蓉馅成品 500 g。

5. 在 30 min 内，制作完成芋泥馅成品 500 g。

项目 5　成形技艺

项目描述

　　面点制品的成形技艺是中式面点制作工艺中一项重要的基本功，是面点外观形态的构成技术。面点制作人员基本功的好坏，直接影响着面点制品的质量。通过学习，熟悉和掌握面点的各种成形技艺。

学习目标

- 掌握分坯、制皮、上馅等成形技艺。
- 掌握手工或借助工具、模具等的各种成形方法及其适用范围。
- 学会包、捏、卷、擀、抻等成形技艺。

　　成形是根据面点品种的形态要求，运用不同手法或借助不同工具将面团制成各种形态的面点成品或半成品的操作过程。

　　成形是面点制作的重要组成部分。它包括分坯、制皮、上馅、成形等操作工序，是一项技艺性很强的工作。它决定着面点成品的形态和质量。由于造型本身必须以艺术构思为基础，因此成形是使面点制品具有艺术价值的操作过程。从普通的饺子、包子、粽子、糕点，到形态逼真的各种花色品种面点的形成，这些都来自熟练的成形技艺和精巧的艺术构思。

任务 5.1　成形基础技艺

　　成形基础技艺包括分坯、制皮、上馅等操作技术。它是成形前的准备，与成形密不可分，并直接影响成形的质量。

一、分坯

分坯就是将面团按面点品种的要求分成统一规格的面坯，供制皮所用的操作过程。分坯包括搓条和下剂两道工序。

（一）搓条

搓条（图5-1）是将揉好的面团制成粗细均匀、圆滑光润的长条，以供下剂之用的操作过程。

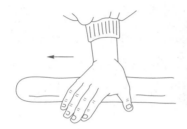

图5-1　搓条　　　　　　　　　　　　　　　搓条微视频

1. 搓条的方法

取一块饧好的面团，双掌压在面团上，来回推搓，边推、边搓、边向两侧延伸，将面团搓成粗细均匀的圆柱形长条。

2. 搓条的操作要领

（1）用力均匀、轻重有度。操作时两手着力均匀，两边用力平衡，才能使搓出的剂条粗细均匀。

（2）手法灵活、连贯自如。只有做到手法灵活、轻松自如、起落自然，才能使搓出的剂条光洁、圆整、不起皮，粗细一致。

（二）下剂

下剂，又称揪剂或掐剂，是将搓好的剂条分成一定规格的剂子。下剂要求剂子大小均匀、重量一致。不同的面团，下剂的方法也各不相同，常用的方法有摘剂、挖剂、拉剂、切剂等。

1. 摘剂

摘剂（图5-2）也称摘坯或掐剂子。操作时，先将搓好的剂条用左手捏住，露出与坯子相同大小的截面，然后用右手大拇指与食指轻轻捏住面剂使劲顺势摘下。摘剂时，为保持剂条始终圆整、均匀，左手不能用力过大，摘好一个面剂后，左手将面团转90°，然后再摘。摘下的每一个剂子应按照顺序排列整齐。

摘剂比较适于水调面团、发酵面团等有劲力的面团。

图 5-2　摘剂

2. 挖剂

挖剂（图5-3）也称铲剂，大多用于较粗的剂条。由于剂条粗，剂量较大，左手没法拿起，右手也无法摘下，所以要用挖剂。其方法是：将剂条搓好后放在案板上，左手按住，右手四指弯曲呈铲形，从剂条下面伸入，四指向上挖，挖出一个剂子，然后左手移动，右手再挖，直至全部完成。挖剂的速度要快，动作要利落，一下一个剂子，不要将其余面团带出来。

3. 拉剂

比较稀软的面团，不能摘剂，也不能挖剂，只能采用拉剂（图5-4）的方法：右手五指抓住一块，拉下来。拉剂不易掌握剂子的分量，拉下来的剂子形态不完整，很难确定其重量，所以要做到统一规格有一定的难度。

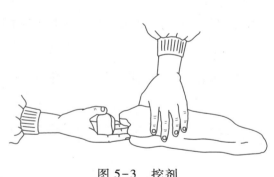

图 5-3　挖剂

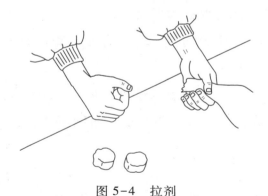

图 5-4　拉剂

4. 切剂

切剂又称剁剂，是指用刀等工具进行分坯的一种方法（图5-5及图5-6）。它既适用于柔软、粘手，无法用手工来分坯的面团，如有些米粉面团、淀粉面团；也适用于制皮时表面要求光滑平整、不损坏剂条内部结构的面团，如制作油酥面团的明酥品种；还适用于无馅品种的直接成形的面团，如刀切馒头。其操作方法是：将搓成的坯条平展在案板上，右手拿刀，从坯条的左侧一端开始，按顺序进行切、剁。切时左手配合，把切下的坯剂一上一下排列整齐。剁的手法要灵活，动作要连贯、熟练，才能使坯剂规格大小一致。切剂应按品种要求制定规格，注意坯剂的形态，做到均匀、整齐、美观。

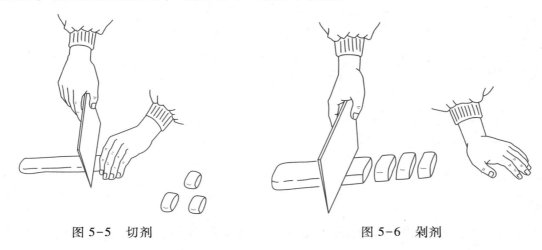

图 5-5 切剂   图 5-6 剁剂

二、制皮

制皮是按面点品种和包馅的要求将坯剂制薄的一道工序。制作面点时有许多品种都需要经过制皮这道工序，它技术要求高，操作方法较复杂，制皮的质量直接影响着包馅和制品的成形。由于各品种的要求不同，制皮的方法也有所不同，常用的有按皮、拍皮、擀皮、捏皮、摊皮等。

1. 按皮

按皮（图 5-7）是一种基本的制皮方法，运用较为广泛，适用于制作 50~75 g 的坯剂。操作时，把摘好的剂坯截面向上，用手掌根（不能用掌心，因掌心是凹进去的，不能把皮按得均匀）向下按，按成中间稍厚、四周稍薄的圆形皮。按皮的质量要求是坯皮圆整，符合制品或包馅的要求。

2. 拍皮

拍皮（图 5-8）又称压皮，一般用于制作没有韧性的或坯料较软、皮子要求较薄的特色品种的皮，如制作广式点心中澄粉面团的皮。操作时，准备一把拍皮刀（要求刀刃不开锋、刀面平整，一般为不锈钢刀），将剂子放在桌上，右手拿刀，刀刃向外，在油布上擦一下刀（目的是使刀不粘皮），将有油的刀面压在剂子上，左手放在刀面上顺时针方向按压一下，剂子就被按成圆形的薄片。拍皮的难度较大，制作要求高，要求皮子厚薄均匀、大小一致、圆整光滑。

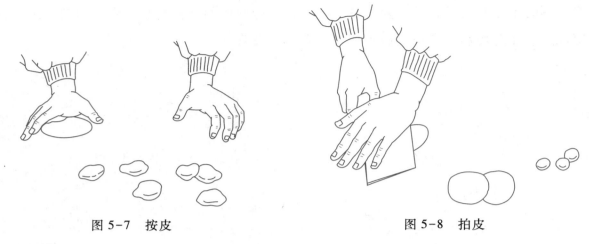

| 图 5-7　按皮 | 图 5-8　拍皮 |

3. 擀皮

擀皮（图5-9）是应用最普遍的制皮方法，技术性较强，要求也高。由于擀皮适用品种多，擀皮的工具和方法也是多种多样的。擀皮的工具有单杖、双杖、橄榄杖、通心杖等。擀皮的方式有平展擀和旋转擀。手法可分为压擀法、推压擀法、滚压法等。常用擀制法制作的皮子有水饺皮（单杖，旋转擀）、馄饨皮（长擀杖，平展擀）、烧卖皮（图5-10）（橄榄杖，打褶擀）、油酥坯皮（长擀杖，平展推压擀）等。

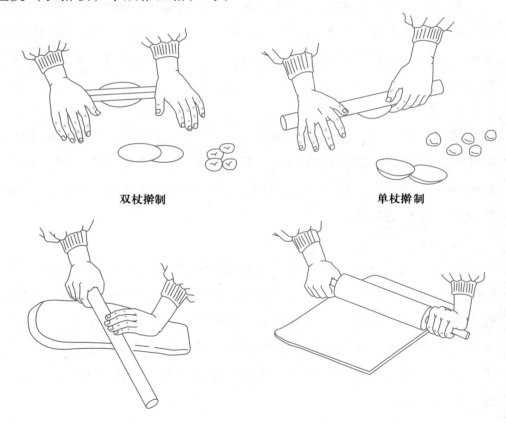

擀皮微视频

| 双杖擀制 | 单杖擀制 |
| 长擀杖擀制 | 通心槌擀制 |

图 5-9　擀制大块面团的几种方法

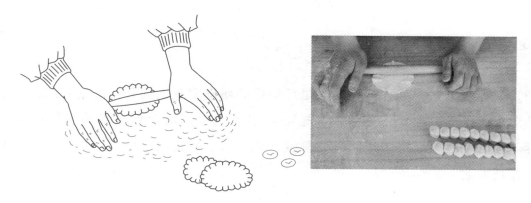

图 5-10 烧卖皮擀制

4. 捏皮

捏皮（图 5-11）适用于制作米粉面团、汤团之类的品种。操作时先把剂子用手揉匀、搓圆，再用手指捏成圆壳形（内可上馅），俗称"捏窝"。

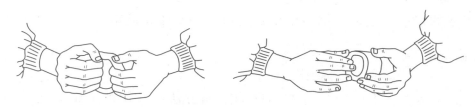

图 5-11 捏皮

5. 摊皮

摊皮（图 5-12）是一种较特殊的制皮法，主要用于稀软面团。因为稀面团拿起来会往下流，不能用一般方法制皮，所以必须用摊皮法，如春卷皮的制作。摊皮时，将平底锅架在中小火上，右手拿面团，不停地抖动（以防面团掉落），顺势向锅内按顺时针方向快速一转，即成一个圆形皮子。皮子要求形状圆整，厚薄均匀，没有洞，大小一致。

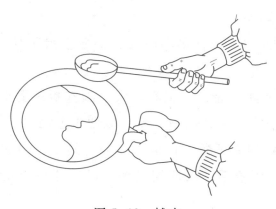

图 5-12 摊皮

三、上馅

上馅，又称包馅、塌馅、打馅等，是在制好的坯皮中放上调制好的馅心的操作过程。上馅是成品形态的基础，上馅不好，成品馅心就不能居中，就会直接影响包捏以及成品的造型。如麻球，若馅心不居中，炸制时就易破，成熟后不易定型。所以上馅也是面点制作重要的基本操作技术之一。

（一）上馅的要求

（1）要根据品种的要求上馅，总原则是轻馅品种馅心少，重馅品种馅心多。

（2）根据品种的规格上馅，杜绝随意性。不能根据馅心的软硬或坯皮的大小而随意多上馅或少上馅，上馅应均匀，每个坯皮上馅的量应大致相等。

（3）油量多的馅心，上馅时馅不要粘在皮边，还要防止流馅、流卤、脱底露馅等。

（二）上馅的方法

由于馅的品种很多，不同的品种有不同的上馅方法。常用的上馅方法有包馅法、拢馅法、夹馅法、卷馅法、搓团法、镶馅法和滚沾法等。

1. 包馅法

包馅法是最常用的上馅方法，如包子、饺子、汤团等绝大多数面点品种都是用这种方法上馅的。但由于这些品种的成形方法（如无缝、捏边、捏褶、卷边）并不相同，因此上馅的重量、部位、方法也各不相同。包馅法上馅一般有以下四种类型：

（1）无缝类。此类品种如光头包、水晶馒头，馅心比较小，一般上在中间，包成圆形即可，关键是不能把馅上偏。

（2）捏边类。此类品种如水饺，馅心较大，馅要上得稍偏一些，这样便于合拢捏紧，捏紧后馅心正好在中间。

（3）捏褶类。此类品种如小笼包，馅心较大，因打褶后要求呈圆形，所以馅心要放到皮子的正中心，而且托皮子的手要呈"碗"状，以便于上馅。

（4）卷边类。此类品种如盒子酥，它是将包馅后的皮子沿边缘卷捏成形的品种，一般是用两张皮，中间上馅，上下覆盖，沿四周卷捏。所以要求上馅居中，但馅心要按得扁平一些。

2. 拢馅法

拢馅法常常与成形同时进行，如制作烧卖，馅心较多，放在中间，上好后轻轻拢起捏住（不封口，露馅）即成。上馅与成形相互配合，一次完成。

3. 夹馅法

夹馅法即一层粉料一层馅，使馅心在坯皮中形成间隔，如三色糕、千层糕。上馅要求均匀而平整。

4. 卷馅法

卷馅法是将坯料擀成片，在片上抹馅心，然后卷拢成形的方法。上馅必须抹得均匀、平整，分量一致，不能一边厚一边薄。常见的品种有条头糕、糯米凉卷、卷筒蛋糕等。

5. 搓团法

搓团法是先将馅心搓成团再包入坯皮的一种上馅方法，适用于比较稠厚、有黏性的馅心，如麻蓉馅、豆沙馅。用这种方法上馅便于掌握馅心规格，也便于包捏成形。

6. 镶馅法

此类品种如四喜蒸饺，成形后留下几个小眼，在各个小眼中镶入各色馅心点缀。

7. 滚沾法

滚沾法是用于元宵、藕粉圆子等制品的一种上馅方法。它是利用原料着水后的黏性，在搓圆的馅心表面蘸上水，放入干粉中，不断摇晃使其滚动起来，均匀地裹上粉料包裹馅心的一种方法。此法制成的品种，坯皮厚薄均匀，十分圆整。

任务5.2 成形方法

成形方法就是将坯料按照面点品种的形态要求，使成品定型或生坯定型时所使用的各种操作方法。常用的成形方法可分为手工成形法、工具成形法、模具成形法和其他成形法四类。

一、手工成形法

手工成形法是在面点制作过程中，根据品种的要求，运用一定的手工操作使面点成品或半成品达到一定形态的方法。它主要包括搓、包、卷、捏（挤捏、推捏）、推（单推、双推）、提褶、锁边、押、按、摊、叠等。

（一）搓

搓（图5-13）是面点成形的基本技术动作，在搓条时也有运用。搓可分为搓条和搓形两种手法。

搓条与面团的搓条相似，双手搓动坯料，使之伸长并上劲。剂条要求粗细均匀、紧密、光洁，边揉边搓或双手对搓使坯剂旋转，搓成拱圆形、蛋形或桩形，如圆面包、高桩馒头。

这种成形方法适合制作膨松型面团制品，有些品种需要与其他手法配合成形。根据不同的成形特点，操作时又分为单手搓形和双手搓形两种手法。搓形要求使制品内部组织紧密，外形规则，整齐一致，表面光洁。

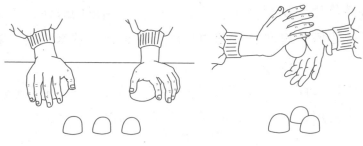

图 5-13 搓

（二）包

包是将各种不同的馅心或原料，通过操作使坯料与馅料合为一体，成为成品或半成品形态的方法，俗称包馅法。在实际操作中，包馅法的手法动作和成形要求变化较多，有包入法、拢上法、包裹法等，常用于大包、馅饼、烧卖、春卷、粽子、汤团、馄饨等的成形。

包馅法要求馅心居中，规格一致，形态美观，方法正确，动作熟练。包馅法常与其他成形手法结合使用。

（三）卷

卷（图 5-14）是将擀好的面片或皮子，按需要抹上油或上馅，然后卷起来，做成有层次的条形，再用刀切成块的一种成形方法。

图 5-14 卷

卷是面点制作中一种较常用的成形法。一般是将擀制好的坯料经加馅、抹油或根据品种要求卷成不同形式的圆柱状，并形成层次，然后制成成品或半成品。卷的方法不同，制作出的品种也各有特色。利用发酵面团制作的各种花卷，以及利用油酥面团制作的各类卷酥，都是用卷的方法完成的。

卷的方法较简单,主要是将面团擀成薄片卷起呈长筒状,一般分为单卷法和双卷法两类。

(1)单卷法。将面团擀成薄片,抹上油或馅心,从一头卷向另一头,使之成为圆筒。然后按品种规格切开,即可做成各式面点,如花卷、卷筒蛋糕、豆面卷。

(2)双卷法。面团擀成薄片,抹油或上馅后,从两头向中间对卷,卷到中心为止。两边卷得平均,成为双卷条。双卷法可用来制作如意卷、枕形卷等。

(四)捏

在面点成形法中,捏(图5-15)是比较复杂、花色最多的一种成形法。捏是将包入或不包入馅心的面坯利用双手指上的技巧,按照成品形态的要求进行造型的一种方法。捏主要用于塑造形象品种,是富有艺术性的一项操作。捏的手法很多,变化灵活,有挤捏、推捏、叠捏、扭捏、花捏等多种手法。挤捏成形,如水饺;推捏成形,如月牙饺。

图5-15 捏

捏常与其他成形手法结合运用,所制成的成品或半成品不但要求色泽美观,而且要求形象逼真。如各式蒸饺、象形船点、花纹包子、虾饺。

(五)推

推是将包入馅心的面坯利用食指和拇指交替捏褶,进行推捏造型的一种方法。推的手法主要有单推和双推两种。单推是沿着一个方向推捏成形,如花边饺。双推是左右对称的推捏成形,如秋叶包。

(六)提褶

提褶是将包入馅心的面坯利用手指包捏一圈成形的一种方法,如鲜肉中包。

(七)锁边

锁边是将包入馅心的面坯边用手进行推捏,做出绳状花边,如眉毛酥。

（八）抻

抻（图 5-16）又称抻拉法，是我国面点制作中一项独有的手法技巧，以北方面条制作为代表。抻是将调制好的面团经双手不断上下左右顺势抛动，经过反复打扣和抻拉，制成粗细均匀、富有韧性的条、丝状面条的独特成形手法。

抻面的技术难度较大，操作时必须经过盘条、打扣、出条三个过程，要求环环紧扣，用力均匀，软硬劲结合，动作熟练，手法灵活。成形品种规格较多，有粗条、细条、龙须面等十余种。盘丝饼就是用抻面做成的。

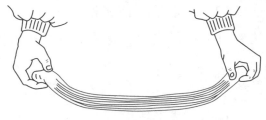

图 5-16　抻

（九）按

按又称"压""㩜""㩪"，是用手掌或手指按压成形的手法，主要适用于形体较小的包馅品种，如馅饼、豆沙酥饼。包好馅后，用手一按即成，它比用擀面杖擀制效率高，同时因是用手掌握，不易挤出馅心。

（十）摊

摊是将较细软或糊状的面团放入经加热的洁净铁锅内，使锅内温度传给坯料，经旋转使坯料形成圆形薄片的成品或半成品。

由于品种制作要求不同，摊又可分为熟制成形法和半成品成形法两种。常见的制品有煎饼、锅摊饼、豆皮、羊卷皮等。

摊的操作要求：摊前先将锅烧热，要善于掌握火候，手法灵活，动作自如。成品规格一致，厚薄均匀，完整无缺。

（十一）叠

叠（图 5-17）常与折连用，手法并不复杂，操作时将经过擀制的坯料用折叠法制成半成品形态。叠后其制品的形状整齐，层次清晰。扬州名点千层油糕，油酥面团中的兰花酥等，采用的都是多层叠法。

叠的操作要领：叠制时，要求擀一次叠一次，每次都要求擀得厚薄均匀，叠得边线整齐，否则成品的层次会出现厚薄不匀、凹凸不平的现象。要根据品种的要求掌握好边线长宽的尺度，每次叠时上下各层宽窄应一致。叠制前需抹油的品种，抹油应均匀，否则容易造成粘连。

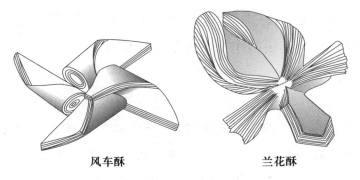

风车酥   兰花酥

图 5-17 叠

二、工具成形法

工具成形法是在面点制作过程中，根据成品的要求，运用各种操作工具使面点成品或半成品达到一定形态的成形方法，主要有切、削、拨、剪、夹、擀、钳花等方法。

（一）切

切是点心制作中的一项基本手法，运用很广。它是用刀具将整块或整条的坯料分割成符合成品或半成品形态和规格要求的一种方法。切的方法虽然简单，但刀工刀法形式多样，熟练掌握非一日之功。切常用于馒头、面条、糕、饼等面点品种。

切的操作要求：下刀准确，刀刃锋利，动作灵活，技术熟练。

（二）削

削（图 5-18）常用于刀削面，是一刀接一刀推削面团形成面条或面片的一种成形方法。面条或面片一经削出，随即放入锅内煮熟，加入调料即成。

削的操作要求：推削用力均匀，动作熟练、灵活、连贯，面条或面片厚薄、粗细、大小均匀一致。

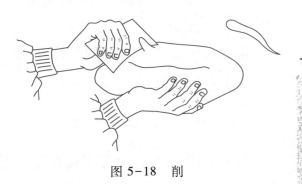

图 5-18 削

（三）拨

拨常用于拨鱼面，因拨成的面条似小鱼而得名。将调成的面团用筷子顺盆沿拨下，流出的面浆成形似小银鱼，直接入锅煮熟，加上调料即成。

拨的操作要求：动作熟练、连贯，拨出的面条、面片大小匀称。

削与拨是两种不同的方法，操作技术性较强，手法要求也不一样，但都用于制作面条类面点。切、抻、削、拨统称为我国制作面条的四大技术。

（四）剪

剪是利用剪刀在制品的表面剪出独特形态的一种成形方法。它常配合包、捏等成形方法，使制品更加形象化。剪的技巧性较强，剪得深浅、粗细、大小对制品的形态影响较大，可以在包馅以后边捏边制边剪成形，如刺猬包、兰花饺，也可以在成熟后剪出各种形状。

（五）夹

夹是借助于竹筷等工具在包馅或不包馅的制品中夹捏出一定形状的成形方法。这种方法适用于象形面点的制作，如花卷、船点。通过各种夹制手法可使面点更加美观、生动、形象逼真，如菊花卷、蝴蝶酥。

（六）擀

擀是面点制作的基本功之一，大多数面点的成形都离不开这道工序。它具有使坯皮成形与品种成形的双重作用，是运用各种工具将坯料制成不同形态的一项操作，具有很强的技术性。擀制面点的工具繁多，形状、长短、大小、用途各不一样，使用时的方法和技巧也大不相同。如做大包、水饺，要用单手杖；做烧卖皮子要用橄榄杖或通心槌擀制；擀面条、馄饨皮，要选用大面杖双手擀制。饼一般都用擀的方法成形，一般制饼的面团都较软，比较好擀，擀时要满足成品厚薄和形状的要求。各种不同的擀制技术必须经过长期反复刻苦训练，才能熟练掌握。

擀的操作要求：工具使用得心应手，操作用力均衡到位，手法灵活熟练，制成品种规格一致，形态美观整齐。

（七）钳花

钳花（图5-19）是运用花钳等工具，在制好的生坯上钳出一定的花形，形成多种多样的花色品种的一种成形方法。常使用的花钳有尖锯齿状的、圆锯齿状的，还有一种是在钳上有沟绞而没有锯齿的，它们都可以形成不同的花样。钳花的方法多种多样，可在生坯的边上竖钳、斜钳或横钳，也可以在生坯的上部钳出多种多样形状，还可以钳出各式小动物的羽、翅、尾等。总之，钳花是一种较细致的成形技法，运用时应根据成品要求灵活掌握。如钳花包、核桃酥等面点采用的就是钳花成形方法。

钳花的操作要求：必须掌握花钳的使用方法和技巧，轻重得当，钳花整齐，均匀一致。

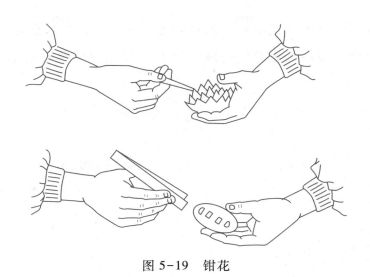

图 5-19　钳花

三、模具成形法

模具成形法是在面点制作过程中，根据成品的要求运用某些特制的模具，使成品或半成品达到某种特殊形态的成形方法。这种成形法的特点是：使用方便，便于操作，能保证成品或半成品规格一致，形态美观，适用于机械化批量生产。使用模具可刻制出多种多样的花纹图案，如常用的鸡心、核桃、梅花、佛手、花形、鸟形、蝴蝶、鱼、虾等。模具成形大体可分为以下四类：

（一）印模

印模又称印版模，它是按成品的要求将所需的形态刻在木板上，制成模具，即印模。把坯料放入印模内，即可按压出与印模一致的图形。这种印模的花样、图案、形状多种多样，常用的有月饼模、龙凤金团模等。成形时一般常与包连用，并配合按的手法，如制作广式月饼时，先将馅心包入坯料内，包捏后放入印模内按压成形。

（二）套模

套模又称套筒，它是用铜皮、铁皮或不锈钢皮制成的各种平面图形的套筒。成形时，用套筒将经擀成平整坯皮的坯料，逐一套刻出规格一致、形态相同的成品或半成品，如糖酥饼、花生酥、小花饼干。成形时常与擀连用。

（三）盒模

盒模是用铁皮或铜皮经压制而成的凹形模具或其他容器。它的形状、规格、花色很多，主要有长方形、圆形、梅花形、荷花形、盆形、船形等。盒模主要吸收了西式点心的制作方法。成形时将坯料放入模具中，经烘烤、油炸等方法成熟后，便可形成规格一致、形态美观的成品。它常与套模配合使用，也有同挤注连用的。常见的品种有蛋挞、布丁、水果蛋糕、萝卜丝油墩子等。

（四）内模

内模是用于支撑成品或半成品外形的模具，规格式样可随意创造或特制，如麒麟筒、蛋筒。

四、其他成形法

其他成形法是指一些没有归入以上手工、工具、模具三类的成形方法，如镶嵌法、挤注法（图5-20）、滚沾法（图5-21）等一些比较特殊的成形方法。

图5-20　挤注　　　　　　　　　　　　图5-21　滚沾

（一）镶嵌法

镶嵌法一般是为了美化成品，增添口味，使制品更加完美而采用的成形方法。操作时，一般是利用食用性原料本身的色泽和滋味，经过合理的组合和搭配将其镶嵌在制品的表面，并巧妙地形成各种图形，使成品的色、香、味、形更加完美。常见制品如枣糕、八宝饭。

（二）挤注法

挤注法是由西点引进的一种成形方法。操作时，将原料装入羊角袋（特制的布袋）中，通过挤压，使原料均匀地从袋嘴中流到各种模具或烤盘中，形成各种形态的成品或半成品，如杯子蛋糕、棉花包、拉花饼干、奶油蛋糕。

挤注法的操作要求：双手悬肘挤注，控制灵敏，用力得当，挤、收熟练，出料均匀，规格一致，排列整齐，形态美观。

面点的成形方法有很多,实际操作时往往将几种方法合用,以达到成品的形态要求。面点制作者只有熟练地掌握各种成形技艺,并在实践中不断地灵活运用,创新发展,才能制作出更好的面点制品。

👆 **知识链接**

广 东 小 吃

广东小吃大多数来源于民间,清代届大均的《广东新语》中记载广州人所食用的点心就有煎堆、粉果、粽子等达数十种之多,而且大都被流传下来而成为传统名食。现在,广东的小吃花式品种较多,造型精细。广东小吃的成熟方法多为蒸、煎、煮、炸4种,可分为6类。

① 油品:即油炸小吃,以米、面和杂粮为原料,风味各异。如油条(炸面)是微咸的,沙翁和牛脷酥是甜的,咸煎饼则甜中带咸。

② 糕品:以米、面为主,杂粮次之,都是蒸炊至熟的,可分为发酵的和不发酵的两大类。代表品种有松糕、棉花糕、面糕、伦教糕、马蹄糕、鸡蛋糕、年糕、萝卜糕、芋头糕等。有的品种季节性强,如伦教糕要凉食,只在夏天供应;萝卜糕要热食,只在冬天上市。

③ 粉、面食品:以米、面为原料,大都是煮熟而成的。主要品种有米粉、沙河粉、肠粉、面条、云吞面、水饺等,属于风味主食或方便美食类,常年供应,销量较大。

④ 粥品:名目繁多,1956年"广州名菜美点展览会"上介绍的就有84种,其名称大多数以用料而定。如只用大米熬的称为白粥,粥中有牛肉的称为牛肉粥,有猪红(血)的称为猪红粥,有红豆的称为红豆粥等。也有以粥的风味特色而称的。如粥中加猪肉丸、猪肝片、猪粉肠三种的,称为及第粥;以薏仁、扁头、茯苓等药材同熬的,称为祛湿粥,表明它有祛湿作用。凡是带荤料的粥必有粥底,味咸的粥底又称味粥。以大米熬粥时加腐竹、猪骨、大地鱼、江瑶柱等,使之熬成后色白糜化,糜水交融,鲜美芳香。它可以和各种肉料配合而成各种各样有名的粥。带素料(植物的根、茎、花、叶果实等)的粥,常是把素料和大米一起同熬,其味多甜。这些粥品除可解饥品味外,有的还有食疗效用。如坠火粥有助于去虚火,竹蔗粥有助于清热润燥等。

⑤ 甜品:指各种甜味小吃品种,但不包括面点、糕团在内,用料除蛋、奶以外,多为植物的根、茎、梗、花、果、仁等。名品有炖蛋、双皮奶、芝麻糊、红豆沙、炒木瓜、莲子汤、绿头海带糖水等。这些品种不但富有营养而且有一定食疗价值,如莲子汤可健脾,绿头海带糖水可以解暑清热,炖木瓜可以润燥,适合广东夏长暑盛的特点。

⑥ 杂食：凡不包括上述各类者统称为杂食，因其用料较杂而得名，以价格低廉、风味多样而著称。如炒田螺、卤水牛杂、猪红汤、甜酸猪脚姜、牛羊杂汤、酸辣芥菜等。其中，有的鲜美，有的酸甜，有的麻辣，有的香浓，食之，令人开胃，食欲倍增。

选自《中国烹饪百科全书》，北京：中国大百科全书出版社，1995

项目小结

　　本项目介绍了制作面点常用的下剂、制皮、上馅方法。其中，制皮是面点制作工艺中十分重要的一道工序，也是一项重要的基本功。本项目还介绍了制作面点的各种成形方法。这些成形方法是我国面点制作工艺中很重要的一部分，不论哪一种成形方法，只有勤学苦练，才能掌握其正确的手法，制作出符合质量要求的面点。

练习与拓展

一、填空题

1. 成形是面点的重要组成部分，它包括_____、_____、_____、_____等操作工序。

2. 根据不同手法，下剂有_____、_____、_____、_____四种方法。

3. 在面点制作中，常用的制皮方法有_____、_____、_____、_____和_____五种方法。

4. 在面点制作中，常用的手工成形方法有_____、_____、_____、_____、_____、_____、_____、_____八种方法。

5. 在面点制作中，常用的工具成形方法有_____、_____、_____、_____、_____、_____、_____七种方法。

6. 制作汤圆可以用到_____、_____、_____三种成形方法。

7. _____、_____、削、_____统称为我国制作面条的四大技术。

8. 擀制面点的工具繁多，使用时的方法和技巧也大不相同。如做大包、水饺，要用_____；做烧卖皮子要用_____擀制；擀面条、馄饨皮，要选用_____双手擀制。

9. 卷一般分为_____和_____。

10. _____成形的制品有枣糕、八宝饭等。

二、选择题

1. 馒头的出剂方法是（　　　）。

A. 摘剂　　　　　B. 挖剂　　　　　C. 切剂　　　　　D. 拉剂

2. 制皮的主要方法是（　　　）。

A. 擀皮　　　　　B. 按皮　　　　　C. 搓皮　　　　　D. 捏皮

3. 捏是一种综合性的成形方法，其主要手法有（　　　）。

A. 挤捏　　　　　B. 推捏　　　　　C. 叠捏　　　　　D. 扭捏

4. 在面点品种的成形过程中，根据制品的形态，包又可细分为（　　　）。

A. 无缝包　　　　B. 捏边包　　　　C. 卷边包　　　　D. 提褶包

5. 刺猬包的成形手法应该是（　　　）。

A. 切　　　　　　B. 削　　　　　　C. 剪　　　　　　D. 夹

6. 汤圆可采用的成形手法是（　　　）。

A. 捏　　　　　　B. 按　　　　　　C. 搓　　　　　　D. 滚沾

7. 制作蛋挞应使用的模具是（　　　）。

A. 印模　　　　　B. 套模　　　　　C. 盒模　　　　　D. 内模

8. 翡翠烧卖的上馅方法是（　　　）。

A. 包馅法　　　　B. 拢馅法　　　　C. 夹馅法　　　　D. 卷馅法

9. 下列成品制作工艺中采用了滚沾成形方法的有（　　　）。

A. 麻团　　　　　B. 元宵　　　　　C. 芝麻烧饼　　　　D. 八宝饭

10. 下列成品制作工艺中采用镶嵌成形方法的是（　　　）。

A. 枣糕　　　　　B. 八宝饭　　　　C. 百果年糕　　　　D. 肉末花卷

11. 剪的成形手法常配合（　　　）手法一起使用。

A. 包、搓　　　　B. 抻、摊　　　　C. 推、粘　　　　D. 捏、包

12. 下列品种中用捏的方法成形的是（　　　）。

A. 烧卖　　　　　B. 蒸饺　　　　　C. 馄饨　　　　　D. 春卷

三、判断题

（　　　）1. 擀皮的方法是根据所用的工具而定的。

（　　　）2. 运用单手杖擀的面皮适用于包水饺、蒸饺、小笼包。

（　　）3."按"这一成形手法适用于形体较小的包馅面点品种。

（　　）4."按"这一成形手法既可作为制皮方法又可作为成形方法。

（　　）5."摊"这一成形手法既可作为制皮方法又可作为成形方法。

（　　）6.烧卖的成形应采用包捏的方法入馅。

（　　）7.广式月饼的成形方法是采用套模成形的。

（　　）8.挤注成形方法是西式面点制作中常用的方法，常用于拉花饼干、蛋糕的裱花。

（　　）9.切剂的要领是下刀准确、刀刃锋利、动作灵活。

（　　）10.制皮是将剂子制成薄片的过程。

（　　）11.清晰、平整是叠的成形方法的基本要求。

（　　）12.切是点心制作中的一项基本手法，运用很广。

四、思考题

1.制皮的方法有哪几种？各举两例相应的品种。

2.手工成形的方法有哪几种？各举两例相应的品种。

3.成形技艺是面点制作中工艺性很强的工序，可以说是中式面点技艺中的精粹，通过面点师的双手制作出各式各样栩栩如生的面点。谈谈你对掌握成形技艺的想法。

4.使用印模时，操作要点是什么？

五、案例分析

1.小杨在练习揿剂时，所揿出的剂子大小不一，长短各异。而下剂的标准是生坯不毛、光洁、圆整、大小一致、分量准确。请你指出他存在的技术缺陷。

2.小蒋在练习单手杖擀皮时擀出的皮都是长形或椭圆形的，而质量好的皮应该是中间稍厚、四周略薄的圆形皮子。请你指出他存在的技术缺陷。

3.小李包捏的小笼包只有五六个褶，且大小不均匀。这离花纹清晰、均匀、达18个褶以上的标准相差很远。请你告诉他包捏的技巧，使其技术尽快地提高。

六、实践拓展

1.请你在5 min内将500 g面团下成每个20 g的剂子并排列整齐。

2.请你在15 min内利用已调制好的冷水面团制作出20个水饺生坯。

3.请你在15 min内利用已调制好的温水面团制作出15个月牙饺生坯。

4.请你在15 min内利用已调制好的澄粉面团制作出10个白兔饺生坯。

5.请你在30 min内利用已调制好的油酥面团及适量豆沙馅，运用小包酥的起酥方法制作出10个荷花酥生坯。

项目6　成熟技艺

项目描述

　　面点制品的外观色泽及形态除坯皮的因素外，必须依靠熟制来实现。不同的特色品种，需要不同的方法熟制。不同原料的面点品种，又具有不同的熟制顺序和方法。通过学习，熟悉和掌握各种面点的成熟技艺。

学习目标

- 了解并掌握成熟的意义和作用。
- 熟悉综合成熟法、微波成熟法等成熟方法。
- 掌握蒸、煮、炸、煎、烙、烤、炒等基本成熟方法。

　　成熟是将面点生坯或半成品，运用各种加热方法，使之成为色、香、味、形、质俱佳的熟制品的操作工艺。熟制品又称成品，这个由生变熟的操作过程称为成熟工艺。这项操作因品种特色和制作方法的不同而有简有繁。面点种类繁多，又各具特色，其加热成熟也有严格的技术要求，它是面点制作的最后一道工序，是对面点成品的色、香、味、形、质各个方面的最后形成和体现，在整个面点的制作工艺中具有相当重要的作用。俗话说"三分做，七分火"，就是说熟制是面点质量的关键。

任务 6.1 成熟的作用和标准

一、成熟的作用

熟制食品是人类发展和进化的产物。随着社会文明的深化，人们对熟制食品有了更高的追求。

成熟的目的是使面点生坯或半成品成为安全、可口、容易消化、易于人体吸收的食品。从面点制作的生产技术和食用观赏角度来看，成熟又是决定成品形态、反映品种质量和特色的操作工序之一。面点食品必须经成熟后才能更好地体现其应有的风味特色。具体来说，成熟有以下作用：

（一）加热成熟，有利于人体消化吸收

自然界形成的食物原料，对于人体的需要来说，必须经过充分的分解、消化，才能被人体吸收利用，成为人体需要的营养物质。大多数食物原料，经过加热成熟都会产生复杂的物理和化学变化，发生分解和转化，更有利于人体消化和吸收。

（二）消毒灭菌，有利于人体健康

饮食是人类生存的物质条件，对食物进行灭菌消毒是保证人体健康的要素之一。一般来说，食物原料难免带有致病的细菌或寄生虫，通过加热成熟过程对食物灭菌消毒，可确保食物安全。

（三）增加香味，体现成品质量

许多食物原料，特别是粮食类原料，在没有外来强化因素的影响下，基本味比较稳定，不易产生某种引人食欲的香味，而有些动、植物原料还会使人们产生不良感觉。成熟不仅可以消除这些不良感觉，而且通过加热后原料内部结构和成分的变化，以及经调配后各种原料之间特有的不同香味的相互混合，可形成新的、诱人的香味，如冬笋烧卖的鲜香味，发酵蒸制品的面香味，烤制面包的糖香味，烘蛋糕的蛋香味。这些浓郁、香醇、滋润的诱人香味也是反映食品特色和质量的重要标志。

（四）融合滋味，反映风味特色

大多数面点品种，在生产制作中都要将主料、辅料、调料或与某种食品添加料等进行调

配组合。这种调配组合，不仅可以形成不同的制作特性和品种特点，而且可以通过加热成熟，使各种原料所特有的滋味相互渗透，使成品（如虾饺、叉烧包、蟹粉蒸饺、红油水饺、龙须面）更加美味可口，呈现独特的风味。

（五）呈现色泽，确定成品形态

面点品种的外观色泽，是该品种能否被人们普遍接受和喜爱的视觉标志。品种的外观色泽大多由坯皮决定。不同的成熟方法，可形成不同的品种色泽。如烤馒头的棕红色、炸油条的金黄色、蒸米糕的象牙白、蒸蛋糕的嫩黄色、马拉糕的褐红色。

随着成熟过程的完成，生坯内的变性转化、成熟运动渐渐停止，使成品的形态慢慢稳定下来。这些成品形态的确定，有些是在加热中按照其成形时的形态加以固定的，这些品种的成熟称为定型性成熟。有些则是在加热成熟过程中，通过热变后形成的，这些品种的成熟称为变型性成熟。前者如花色蒸饺、象形船点等品种的成熟，后者如桃酥、炸油条、开口笑等品种的成熟。

无论是定型性成熟还是变型性成熟，都应注意其温度的控制，随成品要求而确定形态。把握不住这一点，就会出次品。

二、成熟的标准

面点成熟后的质量标准，随不同品种而异。但从总的方面来看，主要是从色、香、味、形、质五方面来辨别。具体品种不同，色、香、味、形、质的要求也不同。

（一）色

色指面点成熟后的颜色。采用不同的成熟方法，形成的面点颜色是不同的，要求也不相同。如蒸制品要求色泽洁白均匀，接近自然；炸、烤制品要求色泽鲜明，呈浅黄色或金黄色，没有焦黑或灰白色。无论何种面点都应达到规定的色泽要求。

（二）香

香指面点成熟后散发的原料特有的香味，一般有鲜香、酥香、果香、奶香、油香，以及各种馅心所散发出的香味。任何面点成熟后都要求气味正常，不带任何异味、怪味。若成熟温度偏高、时间过长，就会产生焦煳气味，就不符合成熟的要求。

（三）味

味指面点成熟后的滋味。面点成熟后一般要求口味纯正，咸甜适当，爽滑适宜，不带任何不应有的酸、苦、涩、咸、哈喇等怪味和其他不良滋味，也不能有夹生、粘牙以及被污染等现象，应具有品种本身的特色风味。

（四）形

形指面点成熟后的形态。一般情况下要求形态饱满、均匀，大小规格一致，造型简洁，花纹清晰，收口整齐，并能保持成形时精巧的造型，没有伤皮、露馅、斜歪和缺损现象。

（五）质

质指面点成熟后的质地要求。无论什么面点，都必须具有符合要求的质地。如酵面面点蒸制后要求质地绵软、有弹性，酥点炸制后要求酥化松脆，面条煮制后要求软而劲道等。

任务6.2　基本成熟法

成品特色的最后形成，必须依靠成熟来实现。不同特色的品种，需要用不同的方法来成熟。不同原料的品种成熟，又具有不同的成熟顺序和方式。成熟方法可分为基本成熟法和其他成熟法两大类。基本成熟法即是行业中常用的蒸、煮、炸、煎、烙、烤、炒七种面点成熟方法。

（一）蒸

蒸是指将制品生坯放在蒸屉内，在常压或高压下利用蒸汽对流传递热量，使面点生坯成熟的一种方法。在面点制作中，蒸的运用较为广泛，一般适用于水调面团中的温水面团、热水面团、膨松面团和米粉面团等制品的成熟。

蒸制法的特点是：① 适用性广，能保持成品形态的相对完整；② 能使有馅品种的馅心细腻、多汁、鲜嫩；③ 成品口感松软，含水适中，易被人体消化吸收，老少皆宜。

蒸有两种方式，一种是传统的水锅蒸成熟法，另一种是锅炉蒸汽成熟法。虽然两者都是蒸汽成熟法，但在实际操作中应加以区别，以利于分别掌握成熟的规范要求。简单地说，蒸的基本原理主要是利用水蒸气的温度和外加的一定压力，通过蒸汽的对流运动，水蒸气不断接触生坯或原料，并利用适当的压力，使生坯或原料受热渗透，由表及里地变性、成熟。由于蒸制的温度都要求在100 ℃以上，特别是加盖、加压后，其温度随压力增大而不断升高。当温度和压力升高到一定程度时，蒸汽便向外排出，从而使锅内的压力和温度保持稳定。在正常情况下，温度越高，变性成熟也越快。

1. 水锅蒸成熟法

水锅蒸成熟法是直接运用锅内水沸时不断产生的蒸汽的温度、压力和湿度，使原料成熟的一种方法。不同的品种在加热时有不同的受温要求。

（1）水锅蒸成熟法的一般工艺流程（图6-1）

烧沸锅水 $\xrightarrow{\text{加热}}$ 放入生坯→加盖 $\xrightarrow{\text{加热}}$ 成熟

| 烧沸锅水 | 生坯入锅 |
| 加盖蒸制 | 成熟出锅 |

图6-1 水锅蒸成熟法的一般工艺流程

（2）水锅蒸成熟法的操作要领

① 必须开水上笼，盖严笼盖。蒸锅里的水一般以八成满为好，过多则水沸后会浸湿生坯，过少则蒸汽不足。水必须烧开，笼盖必须盖严（如笼盖不严可围上麻布）。特别是膨松面团，如水不开上笼，到水烧开产生大量蒸汽还有一段时间，此时笼内温度不高，成品会出现不再膨胀、塌陷、粘牙、夹生等现象。盖严笼盖的目的是增大笼内气压，提高笼内温度，缩短成熟时间。

② 保持锅内正常水量，以利于充足产汽。蒸汽是从水中产生的，所以蒸制成熟时水量要充足，一般以八成满为宜。水过满时，水沸腾易溅及生坯等原料，影响成熟质量或导致水外溢。水过少时，会使蒸汽产生量不足，影响成熟效果。因此连续蒸制时还要经常加水，避免水量不足。

③ 适当掌握成熟数量，保证成品质量。成熟数量是指一次成熟的数量。因为水锅内产生的蒸汽热量和压力是有限的，如一次成熟数量太多，会导致全部生坯受热不足，既延长成熟时间，更影响成品质量。用水蒸锅蒸成品时，一般每次最多放3~5层笼屉。不同口味的

制品不能放入一屉同蒸，以防串味。

④ 根据原料特性，恰当掌握成熟时间。由于成熟的对象不同，成熟的要求和时间也不相同。为了确保成品的质量，必须恰当掌握成熟的时间。成熟时间不够将导致成品粘牙；成熟时间过长则导致成品形态坍塌，色泽变深无光。因此制品一旦成熟，应立即离笼。判断制品是否成熟通常是看制品是否膨胀，触之是否有粘手感。如蒸包子、蒸米饭、蒸花式蒸饺的时间都各不相同，必须区别对待。

⑤ 经常换水，保证制品质量。水锅连续蒸制时，要注意水质的清洁。大量蒸制后，蒸锅内水质发生变化，也会影响蒸制品的质量，因此必须经常换水。

2. 锅炉蒸汽成熟法

锅炉蒸汽成熟法是用锅炉制造高压蒸汽来使面点生坯成熟的一种方法，俗称"蒸汽蒸"。蒸汽蒸与水锅蒸都是利用蒸汽进行成熟的。凡是水锅蒸制品所能形成的成品特点，用锅炉蒸汽同样也能实现，而且速度更快，因此锅炉蒸将逐步代替水锅蒸。

（1）锅炉蒸的一般工艺流程（图6-2）

$$放置生坯 \xrightarrow{加热} 放汽 \xrightarrow{加热} 成熟$$

放置生坯　　　　　　　　锅炉加热　　　　　　　　成熟

图6-2　锅炉蒸的一般工艺流程

（2）锅炉蒸的操作要领　锅炉蒸汽与水锅蒸汽的压力与温度相差很大，一般面点成熟时所需要的蒸汽压力在0.6~2.5 Pa，温度在100~140 ℃就可以满足需要。压力和温度过高或过低都会影响成品的质量。而锅炉蒸汽则可以大大超过这个标准。因此在运用锅炉蒸汽成熟法时，必须注意以下四点：

① 注意蒸汽压力，控制放汽量。

② 适当掌握蒸具与蒸汽管口的距离，以防喷出的水直接与原料接触。

③ 恰当掌握成熟时间，注意上下屉之间成熟度的差异。

④ 严格执行操作规程，注意操作安全。

（二）煮

煮是将面点半成品或生坯料投入水锅内，利用水的传热对流作用，使制品成熟的一种方法。煮是最常用的成熟方法之一，常用于冷水面团、米粉面团、杂粮面团制品的成熟。

煮是以水为传热介质来使面点制品成熟的方法。在标准大气压下，面点生坯料或半成品在100 ℃左右的沸水中，通过热对流的方式，由表及里受热使之变性成熟。由于大多数面点生坯放入水中煮后都具有热变性和被水解的特性，因此一般常采用沸水煮的方法以尽量缩短其在水中受热的时间，并使之迅速成熟，降低水解度。水温越高，成熟越快，面点水解程度就越小；反之，成熟就越慢，加热时间延长，水解程度就越高。根据面点成品特点可分为出水煮和带水煮两种。

1. 出水煮

出水煮主要运用于面点半成品的成熟，如面条、水饺、馄饨。出水煮的主要特点是：成品吃口滑爽，能保持原料的软韧风味；有利于除去部分半成品内添加物的异味，如碱味、盐味；也利于灵活变化口味特色，适用性较广。

（1）出水煮的一般工艺流程（图6-3）

烧沸水 $\xrightarrow{\text{加热}}$ 下坯 $\xrightarrow{\text{加热}}$ 点水（一次或数次） $\xrightarrow{\text{调节水温}}$ 浮起成熟

烧沸水　　　　　　　　　　下坯

点水　　　　　　　　　　成熟

图6-3　出水煮的一般工艺流程

（2）出水煮的操作要领

① 水沸下锅，防止水解。一般要先把水烧沸，然后才能下生坯。沸水易使生坯迅速受热，快速成熟，形成特色，缩短时间，避免生坯大量水解。

② 水量要大，下坯数量恰当。出水煮的用水量多少，关系到水温的保持和生坯的受热。水量多时，生坯下锅后的温差变化相对就小；水量少时，生坯下锅后的温差变化就大，不利于成熟。下锅的生坯数量要按照水量的多少适当掌握，以使生坯在水中有翻动的余地，使之受热均匀，具备成熟的良好条件。

③ 水要沸而不腾，保证成品质量。生坯下锅烧沸后，火力不能减小，否则成品口感不爽，质量降低。但如火力继续保持旺盛，水会不断翻腾，面点制品也随之翻腾，易使制品出现破皮、漏卤现象。因此，水沸后，要保持水沸而不腾是关键。应采用"点水"方法，即在水沸后加入少许冷水。"点水"不但能使制品加快成熟，而且能使糊化后的制品突然遇冷，形成光亮的表面。一般来说，每煮一锅，要点三次水，特别是带馅制品，尤其要求如此。

④ 鉴定成熟，及时起锅。煮制面点应及时鉴定成品是否成熟，一旦成品完全成熟，应立即出锅。过分地烧煮会影响成品的造型、口味。如面条过分烧煮将会导致糊烂，水饺则会破裂、露馅，但也不能过早出锅，以免制品夹生。

2. 带水煮

带水煮主要是指将原料按成品的要求与清水或汤汁一同放入锅内煮制的一种成熟方法。其主要特点是：汤汁入味，质地浓厚，有利于突出原料的风味，使主料和辅料的各种口味融为一体。带水煮主要用于原汤汁品种的成熟，也有用于复加热品种的成熟。如八宝绿豆汤、高汤水饺、牛肉粉丝、杏仁奶露。

（1）带水煮的一般工艺流程（图6-4）

生料或半成品 $\xrightarrow{\text{调节水温后}}$ 入锅 $\xrightarrow{\text{加热}}$ 调味 → 成熟

| 调节水温 | 生坯入锅 |
| 调味 | 成熟 |

图6-4 带水煮的一般工艺流程

（2）带水煮的操作要领

① 根据制品特点，确定水煮方法。带水煮比出水煮复杂，有先煮汤汁，再下煮配料的；也有先将水烧开，再下煮配料的；还有将汤汁、水连同主、配料一起或分步骤放入锅中煮的，具体操作时必须根据原料的特点和产品的要求确定水煮的方法。

② 灵活掌握火候。带水煮的火候要求千变万化，如原料及汤水冷水下锅的，一般先用大火烧开，再用小火煮烂、煮熟；而开水下锅的，则要求使用大火煮制。

③ 用水适量，恰到好处。带水煮必须掌握水的用量，水量多了，则味道不醇厚；水量少了，则失去了带水煮的特有风味。

（三）炸

炸是以油为传热介质的一种成熟方法，操作时将半成品投入温度较高、油量较多的锅中，利用油脂的热对流作用使制品成熟。炸主要用于各种面团品种的成熟，如春卷、油条、麻花、炸糕、油酥饼，使用很广泛。不同品种对油温也有不同的要求，有的需要用高温，有的需要用低温，有的则需先低温后高温，情况较为复杂。

1. 炸制的一般操作程序

根据油温的高低，炸制的方法一般分为热油炸和温油炸两种，其一般操作程序是：

（1）热油炸的一般工艺流程（图6-5）

$$\text{油锅升温} \rightarrow \text{下坯} \xrightarrow{\text{加热}} \text{快速翻炸} \rightarrow \text{成熟出锅}$$

| 油锅升温 | 下坯 |
| 快速翻炸 | 成熟出锅 |

图6-5　热油炸的一般工艺流程

（2）温油炸的一般工艺流程（图 6-6）

油锅升温→下坯————→养坯→基本成熟————→成熟出锅

油锅升温　　　　　　　　　下坯、养坯

基本成熟　　　　　　　　　成熟出锅

图 6-6　温油炸的一般工艺流程

2. 炸制的操作要领

（1）正确选择油脂。炸以油脂为导热介质。油脂的品种很多，各种油脂的性质也不同。因此，炸制时需根据制品要求正确选用油脂。选用时一般以植物油为主，不用或少用动物油，因动物油脂中含有丰富的磷脂，加热后颜色容易变深、发黑，使成品色泽不美观。植物油尤其是精制植物油，其杂质少、无异味，炸制品色泽较浅，是比较理想的油脂。但不管选用何种油脂，油质必须清洁纯净，不能有杂质和水分，否则会影响热传导或污染制品，影响面点质量。如选择精制油以外的植物油，则先要熬制使其变熟，去除其自身的异味才能使用。

（2）油量要足。炸制法要求油量足，制品不但要全部浸没在油中，而且要求制品在油中有较大的活动余地。在采用温油炸时，因面点生坯质地较松软，如果油量不多则易碎。采用热油炸时由于油温高、成熟速度快，有的面点还要膨胀，体积增大，若油量少，则会造成成品呈现鸳鸯面，色泽不均，成熟度不一致，严重影响质量。

（3）适当控制火候。火力的大小决定了油温的高低，火大则油温升高速度快，火小则油温升高速度慢。如果火过大，油温升得太高，就很难下降，会造成制品焦化。因此在炸制面点时，要根据成品的要求适当控制火候，宁可延长油温升高的时间（开中火）也不要使油温过高，以防面点焦煳而影响质量。一般情况下，火力可先稍大，待油温升至所需温度时，将火力转小。

（4）正确掌握油温。炸制生坯时一般都把油加热到 150 ℃ 以上，有的甚至要到 200 ℃ 左右。这样才能使面制品的外壳迅速凝结，形成香、松、酥、脆的风味。如下锅时油温过低，会使制品色泽发白，面软不脆，并且会延长成熟时间，使成品僵硬不松，影响口味和口感。但油温过高则会造成外焦里不熟。因此油温的运用要根据不同品种的需要区别对待。例如，同样是油酥面团中的明酥点心，炸制眉毛酥的油温就要比宣化酥高一点。如不能很好地掌握制品的油温要求，成品的起酥层就会出问题，温度太低易脱馅，温度太高则会并酥。因此，油温对成品的制作十分关键。

（5）适当掌握加热时间。炸制面点时，为了保证成品的质量，必须根据品种形状的特点、油量的多少、火力的大小、油温的高低，恰当掌握加热时间。若炸制时间过长，则成品颜色深，制品易焦煳；若时间过短，则成品颜色淡，含油重，不起酥，甚至会夹生。只有充分掌握品种、油量、火力、油温等各方面因素，才能使成品质量满足要求。

（6）用油清洁。用于炸制的油脂必须清洁无杂质，如果油脂不清，则会影响热传导，并污染生坯，影响成品的色泽和质量。

另外，油在高温下反复加热后，内部会发生一系列的变化，各种营养物质遭到极大的破坏，甚至会产生大量的致癌物质。如长期食用此类油炸制的油炸食品，就会对身体产生严重危害。因此，炸油不能反复使用。

（7）熟练掌握炸制技术。炸制是以油为导热介质，温度较高，危险性较大，操作时稍有不慎，则后果不堪设想。因此在操作时，注意力要集中，善于观察变化中的工艺过程，手法轻重、快慢适当，确保成品色泽和质量一致，避免发生人身伤害和质量事故。

（四）煎

煎是以少量油在平底锅上加热，放入生坯使之成熟的一种方法。煎主要通过对流和传导两种方式传热使生坯成熟，成品具有香、软、油润、光亮等特色。煎制受品种及口味特色要求的制约，加热时运用的方式也不尽相同。在实际操作中，一般有油煎和水油煎两种方法。油煎就是单纯用油煎制面点，水油煎则是用油加水煎制面点。

1. 油煎

油煎主要是利用油脂作为传热的辅助介质，通过铁锅的传递，使生坯加热成熟的一种方法。操作时，将较少量的油脂加入平底锅中，通过加热，使生坯在受锅底热与油脂温度的双重热之下成熟。油煎主要适用于半成品生坯成熟及成品复加热使用。油煎制品具有色泽油润光亮，口感外香里软的特点。常见的品种有上海的煎馄饨、江苏的煎锅饼、四川的鲜肉焦饼、福建的煎米糕等。由于油煎用油量较小，一般锅内的油量不能超过生坯厚度的 1/2，生坯受热面较小，因此传热效果不如大油量的炸制，其成熟时间比较长。

（1）油煎的一般工艺流程（图6-7）

$$锅烧热 \xrightarrow{\text{加油脂}} 下坯 \xrightarrow{\text{中、小火加热}} 翻坯 \xrightarrow{\text{中、小火加热}} 成熟（色泽金黄）出锅$$

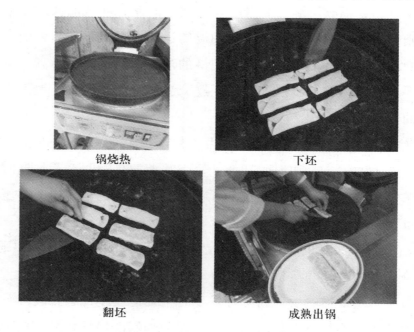

锅烧热　　　　　　　　　　　　　　下坯

翻坯　　　　　　　　　　　　　　成熟出锅

图6-7　油煎的一般工艺流程

（2）油煎的操作要领

① 控制生坯厚度。煎制因油层较薄，因此应控制生坯的厚度，以防止成品夹生。生坯与生坯之间应有一定的空间，以使其在加热过程中有膨胀的余地，否则易造成生熟不均。

② 适当掌握油量。油脂作为煎制的辅助热传递介质，在成熟过程中具有重要的作用。但是由于原料特性、成品厚薄、大小及品种特色等不同，用油量有多有少，必须根据每一品种的不同要求而定。用油过多或过少都不利于品种的成熟和特色的形成。

③ 保持热能均衡。在油煎工艺中，火候的运用很重要。一般是以小火为主，生坯下锅前或刚下锅时火可大些，油温一般控制在130℃左右。这样能使生坯在热锅温油中有较长的受热时间，通过热渗透使生坯成熟。油煎因操作方便，适用面较广。

2. 水油煎

水油煎的操作方法和使用工具与油煎基本相似。其区别在于：水油煎在加热时适当加入了少量水，使成品易于成熟。因此水油煎是以油、水两种物质作为传热辅助介质的特殊成熟方法，具有煎、蒸双重特色。用此方法制作的成品集脆、香、软等特色为一体。水油煎一般适用于煎制生煎包、锅贴、牛肉煎包等坯体较厚、带有馅心的面点。

（1）水油煎的一般工艺流程（图6-8）

$$锅烧热 \xrightarrow{\text{加入油脂}} 下坯 \xrightarrow{\text{加热}} 加水、加盖 \xrightarrow{\text{翻坯、加热、淋油等}} 成熟出锅$$

锅预热、刷油　　　　　　　下坯

加水　　　　　　　　　　加盖

成熟

图 6-8　水油煎的一般工艺流程

（2）水油煎的操作要领

① 适当掌握水与油的用量。油和水在水油煎的过程中分别起着不同的作用。油主要是起防止粘锅、增色、保护生坯表面不糊化的作用，而水在成熟中具有汽化、热对流、促进生坯成熟的作用。因此水、油的用量及加油、加水的时机都与成熟和成品特色有密切的关系。如加水过早、过多，会使生坯糊化；反之，则会使生坯焦糊或不易成熟。

② 注意火候运用，掌握成熟时间。水油煎的火候运用一般以中、小火为主。火力要均匀，利于制品成熟，并应恰当掌握成熟的时间。因为当油煎加入水后，即要加上盖子，以汽化形成的蒸汽温度促进制品成熟。除翻坯、加水和加油外，不应开启盖子，以免影响制品成熟。

③ 排坯有次序，操作要熟练。生坯下锅时，不仅要摆放整齐，而且要有次序。一般情况下，炉灶的火力是中间大、四周小，因此锅烧热后，中间的锅底温度及油温比四周高。在摆放生坯时，应从四周向中心排列，从低温到高温，否则易造成同一锅成品色泽不均匀的现象。要根据火力分布情况，及时调换锅体位置，如需翻坯的时候，还要及时翻坯，以保证成品的质量。

水油煎制品宜热食，一般适用于现做、现卖、现食，是人们较喜爱的小吃之一。

（五）烙

烙是指将面点生坯放入平底锅内或铛上，利用金属传热，将生坯加热成熟的方法。烙制品大多具有皮面筋韧，内部柔软，色呈淡黄色或褐色的特点。常见的品种有烙饼、煎饼等。由于烙制品种的特点和要求不同，烙制的工艺也有所不同，一般分为干烙、油烙和水烙三种。

1. 干烙

干烙是在加热时，直接将半成品或生坯放在特制的金属板或平底锅上加热，使之成熟的一种方法。在烙制过程中，它既不刷油，也不洒水。干烙的特点是：皮面香脆，内里柔韧，呈黄褐色，吃口香韧，耐饥，富有嚼劲，便于携带和保存。常见的品种有春饼等。

（1）干烙的一般工艺流程（图 6-9）

$$锅预热 \xrightarrow{加热} 下坯 \xrightarrow{加热} 反复翻坯 \rightarrow 成熟$$

锅预热、下坯　　　　　　　　反复翻坯　　　　　　　　成熟

图 6-9　干烙的一般工艺流程

（2）干烙的操作要领

① 烙锅必须干净。为保证成品的质量，必须将烙锅洗净，因生坯直接在锅上烙熟，如果锅不干净，就会影响制品的色泽和美观。

② 掌握火候，保持锅面温度适当。烙制不同的生坯，要求运用不同的火候，才能使锅面温度适当。如烙制薄的饼类，要求火力较旺；烙制较厚或带馅的生坯，火力要适中或稍低，以保证生坯成熟及达到成品特色形成的温度要求。烙制温度过高或过低都会影响制品的成熟。

③ 及时移动锅位和生坯位置，及时翻坯。烙制生坯时，常需进行三翻四烙、三翻九转等操作，俗称"找火"，以促进生坯成熟，使锅体受热均匀，并可防止出现锅热处焦煳，锅温较低处夹生的现象。如炉火太旺，无法"找火"时，则要采取压火、离火等措施，以保证烙制过程的正常进行。

2. 油烙

油烙的操作方法与干烙的操作方法基本相似，区别就在于油烙在每次翻锅时，需要刷油再烙。其成品特点是：色泽金黄，皮面香脆，内里柔软而有弹性。常见的品种有葱油家常饼等。

油烙的一般工艺流程（图6-10）。

锅预热 ——刷油、加热——→ 下坯 ——→ 翻坯 ——刷油、加热——→ 翻坯（反复数次）——→ 成熟出锅

锅预热　　　　　　　　　　下坯

翻坯　　　　　　　　　　成熟出锅

图6-10　油烙的一般工艺流程

油烙的操作要领与干烙基本相似，但需注意油量与油质。刷油只是为了提高成品的口感，如果油刷得多了就变成了煎。最好选用较好的油脂，如无杂质、无异味的精制油。

3. 水烙

水烙的方法和工艺操作技术与干烙略有差异，主要是在铁锅底部加水煮沸，将生坯贴在铁锅边缘（但不碰到水），然后用中火将水煮沸，既利用铁锅传热使生坯底部烙成金黄色，又利用水蒸气传热，使生坯表面松软滑嫩。水烙的成品不仅具有一般蒸制品松软的特点，还具有干烙制品干、焦、香的特点。江南的米饭饼和北方的玉米面贴饼子就是用水烙的方法熟制的。在操作时，水烙一般不需要翻坯移位。

水烙的一般工艺流程（图6-11）：

锅底加水预热 ——烧开——→ 下坯 ——加盖、加热——→ 成熟

锅底加水预热　　　　　下坯

加盖、加热　　　　　成熟

图 6-11　水熔的一般工艺流程

（六）烤

烤，又称烘，是利用烘烤炉内产生的高温，通过辐射、传导、对流三种传热方式使面点成熟的一种方法。烘烤炉内装有产热能源，通过能源的作用不断产生热能，经辐射方式将热直接传递给生坯；并通过炉内的热对流，同时作用于生坯的各个表面部位，使生坯表面同时受热。由于烘烤炉内的温度一般较高，因此在成熟过程中，生坯表面所含的水分将同时汽化并挥发。炉内的温度越高，生坯内水分汽化的速度越快，受热渗透成熟也越快；烤制时间越长，失水就越多。

根据烘烤时采用的热源不同，一般可分为明火烘烤和电热烘烤两种。

1. 明火烘烤

明火烘烤是用燃烧火产生的热能使生坯成熟的方法。通常以煤或炭火为主，温度升高较快，炉内温度一般都在 200 ℃以上，高者甚至可达 300 ℃以上。许多传统风味面点的成熟都使用明火烘烤，如烧饼。

（1）明火烘烤的特点

① 炉体温度较高，火候不易掌握。

② 生坯失水快且多，成品吃口松酥，便于携带，耐存放。

③ 适于餐饮业中传统产品小型生产，成本较低。

（2）明火烘烤的一般工艺流程（图 6-12）

炉温预热、下坯 $\xrightarrow{加热}$ 烘烤 $\xrightarrow{加热}$ 焖烤 $\xrightarrow{变色}$ 成熟

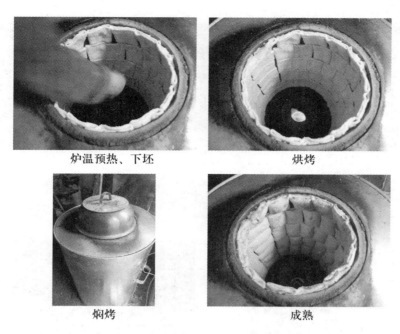

炉温预热、下坯　　　　　　　　　烘烤

焖烤　　　　　　　　　成熟

图 6-12　明火烘烤的一般工艺流程

（3）明火烘烤的操作要领

① 正确选用火力。明火烘烤是面点成熟方法中技术较为复杂的一种，其难点主要是火候的运用。这是因为烤炉或烤箱内各处的火力对面点的影响各不相同，而面点制品对火力的要求也各不相同。即使是同一品种，整个烤制过程对火力的要求也不一样，有的要求先大火，再小火；有的则要求先底火大、面火小，再底火小等。因此烤制面点时要视具体的面点品种，正确选用与面点要求相符的火力，保证面点成熟后的质量。

② 适当控制炉温。每个面点品种，对炉温的具体要求不同。如果炉温过低，水分受长时间烘烤而散失，使制品组织粗糙，口感干硬；但若炉温过高，烘烤时间短，则制品内部不易成熟，烘烤时间长，还会使成品产生焦煳。因此不但要控制好炉温，还要善于调节炉温。一般情况下，大多数品种都是采取"先高后低"的方法，既要使其内外成熟度一致，又要使成品具有美观的色泽。

③ 掌握烤制时间。烤制时间应根据面点的形态确定。体积大、厚度大的品种，烤制时间较长；体积小、厚度小的品种，烤制时间较短。但烤制时间和炉温是紧密联系、相辅相成的，烤制时间长，炉温应相对低一些，反之，炉温则要高一些。可以说，这是一项灵活的技术，需要操作者积累一定的实践经验。

2. 电热烘烤

电热烘烤是用电作为热源，通过红外线辐射使生坯成熟的方法。这是烘烤技术的一大发展，目前工厂用远红外电热烘烤箱生产面点食品已相当普及。电热烘烤箱大都装有温度显示器、调节器等，有的还有自动控制、报警等装置，操作起来十分方便，运用范围很广。其成品具有明火烘烤的相似效果，如蛋糕、面包、酥饼等品种。

（1）电热烘烤的特点

① 适用范围较广，操作方便，成熟效果好。

② 清洁卫生，劳动强度低，生产效率高。

③ 成品失水较多，口感松、香、酥，老少皆宜。

④ 成品便于携带，耐存放。

（2）电热烘烤的一般工艺流程（图6-13）

$$箱温预热 \xrightarrow{通电加热} 进坯盘 \xrightarrow{控制加热} 烤制 \xrightarrow{掌握温度、时间} 成熟$$

| 箱温预热 | 进坯盘 |
| 烤制 | 成熟 |

图6-13　电热烘烤的一般工艺流程

（3）电热烘烤的操作要领

① 严格控制烤箱温度。烤箱温度的控制应根据各种可变因素灵活、熟练地运用，生坯入箱前的预热温度一般应稍高些，当生坯入箱后则要根据品种成熟的要求，调整温度。如烘面包时应先使烤箱预热，当温度上升到250～280 ℃，放入生坯后温度应立即调整为200～240 ℃。因此及时调节是控制烤箱温度的关键。

② 控制底、面温度。大多数烘烤品种，在成熟中都对底火、面火有要求。因为成品的部位色泽要求不同，其受热要求也不同。这是体现成品色泽，控制成熟质量不可忽视的一项操作技术。

③ 掌握烘烤时间。一般电热烘烤的成熟时间比较有规律，但必须根据生坯品种来制定。面点种类千变万化，成熟时间差异很大。薄小的生坯，3～5 min即可成熟；厚、大、带馅的生坯则要15～30 min才能成熟。

（七）炒

炒是靠熟练的勺工和合理的火候运用进行快速成熟的一种方法。其整个过程是将松散或经加工后形成的各种形状的小型原料，投入放有少量油脂的热锅中进行加热翻拌，再添加各种调料或辅料，利用锅体的热传导和油、水的热对流使制品成熟。

炒制可以随原料、调料及成熟技巧等的不同而形成各种不同的风味，对形成成品色、香、味、形均起着重要作用，也常称为复加热成熟。它常用于各种地方风味品种的成熟，如炒麦粉、炒面、各式炒饭。炒具有与菜肴烹调相似的操作技术特点。

1. 炒的特点

（1）工艺技术性很强，操作必须熟练。

（2）品种口味富于变化。

（3）具有菜点合一的美味感。

2. 炒的一般工艺流程（图6-14）

锅体预热 —加热、加入油→ 下料翻拌 —加入调料等、加热→ 成熟出锅

锅体预热　　　　　　　　下料、翻拌　　　　　　　成熟出锅

图6-14　炒的一般工艺流程

3. 炒的操作要领

（1）具有熟练的勺工和翻拌技术。

（2）准确控制火候。

（3）正确掌握调料配置与成熟时间。

任务6.3　其他成熟法

一、综合成熟法

综合成熟法，又称复加热法，它是经过两个或两个以上的加热过程，使制品完全成熟的熟制方法。因为综合成熟法运用了两种或两种以上的成熟方法，也就使成品兼具所用方法应

形成的特点、口味和特殊风味。

综合成熟法的种类很多也很复杂，这里仅介绍常见的三种。

（一）煮炒

煮炒，顾名思义就是运用煮和炒使面点制品成熟的方法。它是将生坯制品先煮制成半成品再炒制成熟的一种综合成熟法。炒制时还经常配以辅料和调料，常见的品种有肉丝炒面、炒粉等。

煮炒的一般工艺流程：

$$水烧开入生坯 \xrightarrow{\text{加热、点水}} 半成品出锅 \xrightarrow{\text{冷却}} 入炒锅 \xrightarrow{\text{加热、调味}} 成熟出锅$$

（二）蒸炸

蒸炸，就是运用蒸和炸使面点制品成熟的一种方法。它是将生坯制品先蒸至八九成熟，再入油锅炸制成熟的一种方法。常见的品种有粢饭糕等。

蒸炸的一般工艺流程：

$$生坯入蒸锅 \xrightarrow{\text{加热}} 半成品出锅 \xrightarrow{\text{冷却}} 入炸锅 \xrightarrow{\text{加热}} 成熟（金黄色）出锅$$

（三）蒸煎

蒸煎，就是运用蒸和煎使面点成熟的一种方法。它是将生坯制品蒸至八九成熟后，再入平底锅煎至熟的一种方法。常见的品种有香煎萝卜糕、煎年糕等。

蒸煎的一般工艺流程：

$$生坯入蒸锅 \xrightarrow{\text{加热}} 半成品出锅 \xrightarrow{\text{冷却}} 入煎锅 \xrightarrow{\text{加热、翻坯}} 成熟（两面金黄）出锅$$

综合成熟法除以上介绍的三种外，还有很多，如煎馄饨用的是煮煎的综合成熟法。操作者可根据品种的需要灵活运用各种成熟方法，并进行合理配合，以便制作出更多、更好的面点制品。

二、微波成熟法

微波成熟法是近年来国内外较为普及的一种新的成熟方法。它是利用微波（波长在 1 mm～1 m 的电磁波）穿透制品，使制品的极性分子运动，产生热能，从而使制品由冷变热、由生变熟的成熟方法。微波成熟法与其他成熟方法所不同的是，微波加热制品是里外生热一致、瞬时升温的。

（一）微波成熟法的特点

1. 省时快速，降低成本

利用微波加热，食物处于"密封"状态，微波使制品里外一致生热，加热时间较短。一般情况下，微波加热食物只需常规加热时间的 $1/3 \sim 1/2$。由于微波加热无须传热媒介，微波与制品直接接触，产生的热能利用率很高，并且加热时间短、速度快，因此，利用微波成熟法制作食物的成本比常规成熟法的成本要低。

2. 使用安全，操作方便

一般情况下，使用微波炉加热食物是很安全的，这是因为微波处在密封环境中，不会泄漏。当炉门打开时，微波炉立即停止工作，因此避免了微波对人体的危害，同时又避免了常规成熟法容易造成的烫伤等事故。使用微波加热食物非常方便，程序简单，可直接利用玻璃、陶瓷、塑料制品餐具加热。

3. 保存营养，清洁卫生

用微波加热，由于时间短，又很少用水等介质，因此降低了营养素的损失，最大限度地保留了食物的营养物质。同时，由于整个加热过程均处于密封状态，只有食物发热，因此，微波加热时，无烟、无火、无尘，保证了食物加热时的清洁卫生。

当然，微波成熟法也有其缺点，如影响食物的风味。由于微波加热食物时，里外同时生热，加热时间短，因此食物颜色较淡，不易形成外脆里嫩的特色，也无烘烤食物所产生的干香。另外，微波成熟法还限制了一些成熟方法的使用。如常用的煎、炸、炒等成熟方法，在微波炉中是很难操作的。这主要是因为微波炉体积很小，加热食物又处在密封状态，炉门打开，加热就立即停止。因此像煎、炸、炒等成熟方法是难以应用于微波炉的。

（二）微波成熟法的操作要领

1. 注意安全

一般微波炉都设有安全装置，但由于微波炉利用电源作为产热能源，因此要防止炉体外箱漏电。当微波炉工作异常时，不应继续使用，以防意外事故发生。

2. 注意器皿的选择

虽然微波加热可用的器具很多，但并不是所有的器具都适合微波加热使用。选择器具时，要避免使用金属器皿以及带有金属把手、金属盖和用金属描边、装饰的器皿。选用瓷器应选择质地细致的；玻璃器皿要求无裂纹的；塑料器具要求硬质的；纸杯纸盘要求无色的等。另外，表面有油漆的竹、木器皿不宜使用，以防止油漆脱落污染食物。

3. 控制时间

由于微波加热速度快、温度高，因此应根据具体情况，严格控制微波加热时间。一般情况下，如果原料本身温度低、密度大、体积大，则加热时间较长；反之，则较短。同时，必须注意食物取出后还应有一段后熟时间。

知识链接

熟制导热方法

熟制食物除运用恰当的火候外，还要通过各种介质传递热量，使食物由生到熟，达到可食用的目的。面点熟制的导热方法有水导热、油导热、汽导热、热空气导热、金属导热等。

1. 水导热

水是导热介质中最普通的一种，在面点制作中应用较为广泛。用水熟制食物时，温度比较恒定，在常压下最高温度不超100 ℃，并能保持不变，如煮面条、水饺、汤圆，可在一定时间、温度下加热，由生变熟。用水导热熟制的食品，润泽可口。

2. 油导热

很多熟制方法以油做导热介质。油具有以下特性：

① 油的加热温度高。油脂达到燃点前的温度可达300 ℃左右，用油做介质导热，可以很快地使制品成熟。

② 油脂的渗透力强。适当的油温能使油进入面点的同时，把热量传递到制品内部。由于油温度高，还能使制品中的水分达到沸点而气化，使制品酥、脆。

③ 增加面点原有的风味，使之油香好吃，形美好看。

3. 汽导热

汽导热主要用蒸的方法加热，其优点是制品湿润性、保原性好，营养成分损失少，熟制方法容易掌握，经济方便。蒸汽温度一般在100～150 ℃，用汽压锅蒸制食品温度可高达150 ℃左右。

4. 热空气导热

热空气导热是利用空气对流的原理熟制食品。成品皮酥脆、馅鲜嫩，常用的方法有烤等。热空气导热的优点是制品受热均匀，外脆里嫩，色泽美观，具有特殊风味。热空气的温度较高，一般在120～300 ℃。

5. 金属导热

金属导热是利用锅底的热量把制品加热熟制，常用的方法是烙、煎。金属平底锅传热能力比油和水的传热能力强，因此，一般使用中小火熟制。其火力的大小，应根据制品的要求灵活调节。

项目小结

　　本项目主要介绍了成熟的意义和作用。成熟是面点制作工艺中的最后一道工序，对面点的色、香、味、形、质至关重要，行业中有"三分做工，七分火功"之说。本项目还介绍了煮、蒸、煎、炸、烤、炒、烙七种成熟方法的成熟基本原理及操作要领，以及根据不同的制品要求正确掌握火候。

练习与拓展

一、填空题

1. 成熟作为面点制作工艺中最后一道工序，对面点的色、香、味、形、质影响极大，行业中有"_____"之说。

2. 面点制作工艺中的成熟方法归纳为_____、_____、_____、_____、_____、_____、_____七种。

3. 煮的方法有_____和_____两种，制作水饺应采用_____的方法。

4. 煎的方法有_____和_____两种，制作生煎包应采用_____的方法。

5. 炸制面点时根据油温不同可分为_____和_____两大类。

6. 在烘烤制品时应正确掌握_____火和_____火的温度。

7. 烙的方法有_____、_____和_____三种，烙葱花饼应采用_____的方法。

8. 蒸有两种方法，一种是传统的_____，另一种是_____。

9. 面点成熟的质量标准，主要从_____、_____、_____、_____、_____五方面来辨别。

10. 综合成熟法，又称_____，它是经过_____或_____的加热过程，使制品完全成熟的方法。

二、选择题

1. 蒸制蚝油叉烧包时，要注意的是（　　）。

A. 蒸汽要足　　　　　　　　　　　　　B. 盖严笼盖

C. 掌握好蒸制时间　　　　　　　　　　D. 蒸的过程中要掀开一次笼盖

2. 煮鲜肉水饺时，要注意的关键环节是（　　　）。

A. 掌握煮制的时间和火力　　　　　　　B. 必须煮熟、煮透

C. 煮制时生坯的数量要适当　　　　　　D. 炉温的高低

3. 烙大致的形式是（　　　）。

A. 干烙　　　　　　　B. 油煎　　　　　　　C. 油烙　　　　　　　D. 水油煎

4. 煎又可分为（　　　）。

A. 油煎　　　　　　　B. 油烙　　　　　　　C. 水油煎　　　　　　D. 干烙

5. 影响炸制品质量的因素主要有（　　　）。

A. 油的选择　　　　　　　　　　　　　B. 油的纯度

C. 生坯的形态大小和厚薄　　　　　　　D. 控制好油温

6. 烘烤的三种传热方式是（　　　）。

A. 辐射　　　　　　　B. 热空气　　　　　　C. 对流　　　　　　　D. 热烤盘

7. 烘烤的关键在于掌握（　　　）。

A. 炉温　　　　　　　B. 烤制时间　　　　　C. 生坯大小　　　　　D. 生坯中的水分

8. 下列各项采用较高油温炸制的品种是（　　　）。

A. 眉毛酥　　　　　　B. 油条　　　　　　　C. 沙琪玛　　　　　　D. 莲花酥

9. 微波成熟法的特点有（　　　）。

A. 省时快速　　　　　B. 操作方便　　　　　C. 保存营养　　　　　D. 成熟时间随意

10. 下列关于面点烤制时间和炉温描述正确的是（　　　）。

A. 体积大、厚度大的烤制时间长，炉温应高一些

B. 体积小、厚度小的烤制时间短，炉温应高一些

C. 体积大、厚度大的烤制时间长，炉温应低一些

D. 体积小、厚度小的烤制时间短，炉温应低一些

三、判断题

（　　　）1. 蒸是利用水传导的热量，使制品受热成熟的一种熟制方法。

（　　　）2. 蒸鲜肉包的操作程序是：先在电蒸锅内加冷水，然后放上有鲜肉包生坯的蒸笼，盖上笼盖后开通电源，待成熟后即可取出。

（　　　）3. 煮水饺时生坯放得越多就越好，这样效率高。

（　　　）4. 烙是指通过金属传导热量，使制品成熟的一种熟制方法。

（　　　）5. 水煎包是使用水油煎的方法成熟的。

（　　　）6. 小笼包在成熟时因个体小，所以应该采用小火蒸制。

（　　　）7. 已成形的叉烧包生坯，在蒸笼内放的时间越长则蒸时发得越大。

（　　）8. 一般情况下，需要颜色浅的品种，可采用高温炸使其快点成熟。

（　　）9. 在制作开花枣这一品种时，为了使其开花，应采用高油温炸制。

（　　）10. 在制作萨其玛这一品种时，为了使生坯中的泡打粉、臭粉受热时产生大量的气体，应采用高温炸制。

（　　）11. 在面点的熟制中，烘烤是应用最广泛的一种熟制方法，其产品存放期较长。

（　　）12. 烤蛋糕时应根据厚薄及成品要求来掌握炉温，坯薄用低温，坯厚用高温。

（　　）13. 在蛋糕的烘烤环节中，正确的操作是先将装有生坯的烤盘放入烤炉中，然后开启电源开关，待其自然升温。

（　　）14. 用高炉温烘烤出的蛋糕，易造成外焦里不熟的现象。

（　　）15. 水烙是用铁锅和蒸汽联合传热的成熟方法。

（　　）16. 炸制法的两个特点：一是油量多；二是油温高。

（　　）17. 干烙是指在面点生坯表面或锅底刷少量的油。

（　　）18. 烤制法可使面点成品吃口松软，鲜嫩多卤，保持形态不变。

（　　）19. 烤面包时应先使烤箱预热，当温度上升到 200～240 ℃，放入生坯后温度应立即调整为 250～280 ℃。

（　　）20. 综合成熟法，又称复加热法，它是经过多个加热过程，使制品完全成熟的熟制方法。

四、思考题

1. 熟制对面点具有什么作用？

2. 出水煮和带水煮在工艺上有何不同？

3. 试比较烙与煎这两种成熟方法有何异同。

4. 行业中是如何凭感官判断油温变化的？

5. 微波成熟法的操作要领是什么？

五、案例分析

1. 小曾是第一次蒸制叉烧包。当她掀开笼盖看到笼里的叉烧包个个均是色白、膨松后，就将整笼叉烧包从蒸锅上端了下来。才一会儿，笼里的叉烧包个个体积均变小了，并呈下塌状。小曾不知所措。请你帮她找出原因。

2. 小薛在实习中，发现师傅在煮水饺的过程中多次加入冷水，煮出的水饺个个完整。她问师傅为什么要这么做，师傅让她自己思考。请你帮助她解开这个疑团。

3. 小丁炸出的开花枣个个都呈焦黑色，而开花枣成品的色泽应为棕黄色。他检查来又检查去，最后发现问题出在成熟的环节上。请你指出小丁操作失误之处。

4. 小莫第一次烘烤叉烧餐包时，用 120～140 ℃ 的炉温，结果烤出的叉烧包每个均是色泽淡黄、不松软、吃时有点粘牙的感觉。她百思不得其解，请你帮她指出原因。

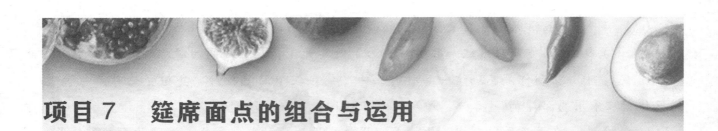

项目 7 筵席面点的组合与运用

项目描述

筵席面点是根据筵席的规格、档次，与筵席菜肴有机组合而形成的具有一定规格质量的面点。其可单独成席，也可组合搭配。本项目主要介绍中式面点中的筵席面点，包括它的组配要求、设计。此外介绍筵席面点的美化工艺中，面点造型和围边装饰的重要性。通过学习，掌握筵席面点的组配要求和面点的美化工艺。

学习目标

- 了解筵席面点是中式面点特有的饮食形式。
- 掌握筵席面点的组配要求、全席面点的设计与配置。
- 掌握筵席面点的美化工艺。

筵席，是人们为了一定的社交目的而形成的一种聚食形式，具有目的性、整体性、规格性等特点。筵席面点是指可与菜肴组合形成具有一定规格、质量的一整套菜点，也可单独形成具有特色的全席面点。不论是筵席面点还是全席面点，都应具有选料精细、造型讲究、制作精美、口味多变等特点，应在色、香、味、形、质、器等方面与筵席的总体要求相一致。

任务 7.1 筵席面点的组配要求

筵席面点是经过精选而与筵席菜肴有机组合起来的一个内容。在组配过程中，要注意各类面点的组合协调性，每一道具体的面点要从整体着眼，从相互间的数量、质量以及口味、形态、色泽等方面精心组合，使其能衬托出筵席的最佳效果。在组配设计中，要根据筵席主题的要求、筵席的规格、季节的变化、消费者的要求、地方原料和民族特点来制定筵席面点的品种。

一、根据筵席的规格组配

筵席的规格档次是由筵席的价格决定的，而价格又决定了筵席菜点的数量和质量。在组合筵席面点时，应注意配置的面点在整个宴席成本中所占的比重，以保持整个筵席中菜肴与面点的数量、质量均衡。筵席面点的成本一般占筵席总成本的 5% ~ 10%，但也可以根据各地习惯及实际要求做必要的调整。一般筵席面点的格局组合如表 7-1 所示。

表 7-1　筵席面点格局组合表

筵席档次	款数	款式（口味）
一般筵席	二道	一甜一咸
中档筵席	四道	二甜二咸
高档筵席	六道	二甜四咸

在确定具体品种时，质量上要根据筵席规格、档次的高低，在保证面点有足够数量的前提下，从选料、工艺制作上灵活掌握。例如，筵席规格高时，在面点的选料上应尽量选用档次较高的原材料，并且在制作工艺上尽量体现工艺特色；筵席规格一般时，在面点的选料上要符合成本要求，工艺要求上也可相应简单些。

二、根据消费者的要求和筵席主题组配

筵席是围绕人们的社交目的而设置的。因此，消费者的要求和意图是配置面点不可忽视的重要依据。制定面点品种，应根据食客的国籍、民族、宗教、职业、食俗和个人的饮食喜爱以及食客订席的目的和要求来掌握。如回族信奉伊斯兰教，禁食猪肉，就应该避免用这类原料作为面点的原料；对信奉佛教的食客应避免用荤腥原料做面点。"红白事"应按民俗礼仪、习俗选配，红事可选配一两道品名喜庆及色泽艳丽的品种，如四喜饺、鸳鸯饺、如意卷、梅花晶饼；白事则可选择色泽素雅的品种，使之与客人的心境一致。生日祝寿则可配置象征长寿的面点品种，如寿桃酥、仙桃包、寿糕、寿面，高级筵席还可精心制作百寿图、松鹤延年、寿比南山等工艺性强的面点。宾朋聚会或洽谈商务等内容的筵席，则应以口味为主，尽量配置本地名点或用时鲜原料制作的面点，以突出地方风味特色。

三、根据季节变化组配

季节不同，原材料的市场供应也有所不同，因此筵席面点的品种应随着季节的变化作相应的变化。根据人们的饮食习惯，一般有"春辛、夏凉、秋爽、冬浓"的特点。为此，在筵席面点的口味上，应尽量突出季节的特点。这就要求制作者在原材料选择、制作工艺方面加以考虑。如春季可选用三丝春饼、艾叶糍粑、鲜笋弯梳饺、翡翠烧卖、春笋野鸭包等面点，成熟方法多以蒸、煮为主；夏季宜多用清凉解暑、吃水量大的原料制作面点，如生磨马蹄糕、橙汁啫喱冻、冬蓉水晶饼、冰皮白莲糕，成熟方法多以蒸、煮为主；秋季则可选用栗蓉糕、豌豆黄、南瓜饼、荷香糯米鸡、蜂巢荔芋角、杏仁豆腐、三鲜汤包等，成熟方法以蒸、煮、炸为主；冬季则可选用味道浓郁的品种，如腊味萝卜糕、八宝饭、枣泥金丝酥、双色奶油戟、京都煎锅贴、榄仁奶黄包，成熟方法多以煎、炸、烤为主。

四、突出地方特色

在配置各种档次的筵席面点时，首先，要利用本地的名优特产、风味名点、本店的"招牌面点"以及各个面点师的"拿手"面点来发挥优势，各展所长，突出地方特色。其次，是根据地方食俗，采用本地原料和时令原料，运用独特的制作工艺，显示浓郁的地方特色，使整个筵席内容更加丰富，独具匠心。如广东的虾饺、粉果、萝卜糕、蕉叶粑、咸水角、蜂巢荔芋角，江浙的翡翠烧卖、扬州三丁包、淮安汤包、上海生煎馒头、杭州小笼包、苏州各式酥点，北京的一品烧饼、"都一处"烧卖、豌豆黄、芸豆卷，天津的狗不理包子、酥麻花，都具有鲜明的地方特色，经加工点缀后，是很有代表性的筵席面点。

任务7.2 全席面点的设计与配置

全席面点是集各式面点之长于一席，充分发挥设计、技艺等方面的特长，以面点为主的筵席。全席面点自清代已出现，发展至今，各地已都有代表地方特色的全席面点。

全席面点是随着面点制作的不断发展而形成的面点经营的较高的形式。它集精品于一席，其内容由面点拼盘（也称看点）、咸点、甜点、汤羹、水果等组成，在配置上要求各类型的面点要协调，口味、形式要多样；在工艺上要求精巧美观、做工细致；在组装上要求盛器高雅、和谐统一。要做好一台色、香、味、形、质、器俱佳的全席面点，除必须具备娴熟的面点制作技术外，还必须掌握全席面点的订单设计、选料、造型、配色、组织管理、上点程序等方面的知识和要领。

一、设计订单

制定面点谱是面点席总体的设计工作，它决定了整台面点的规格、质量、数量和风味特色。制定全席面点订单时，除要根据消费者的意图和要求、规格水平、季节时令、民俗习惯外，还要根据制作者的技术水平和厨房设备条件等来设计，掌握面团类型、成熟方法的搭配，做到荤素搭配得当，咸甜搭配得当。面点席的规格、上点数量和质量，首先取决于其价格档次，根据价格来确定用料。面点席以咸点为主（约占60%），甜点为辅（约占30%），汤羹、水果为补（约占10%）。具体品种、数量按价格档次配置，规格较高者可配面点看盘一道（或以四围碟、六围碟形式）、咸点八道、甜点四道、汤羹一道、水果一道；中等规格者可配看盘一道、咸点六道、甜点四道、汤羹一道、水果一道；规格较低者，应视具体情况减少面点数量或降低品种规格（表7-2）。

表7-2　订单设计表（以较高规格为例）

类别	品名	成熟方法
看盘一道	丰收硕果盘	
咸点八道	蟹黄灌汤包	蒸
	绿茵白兔饺	蒸
	瑶柱糯米鸡	蒸
	蜂巢荔芋角	炸
	萝卜金丝酥	炸
	鹌鹑焗巴地	烤
	蚝油叉烧包	蒸
	上汤三鲜饺	煮
甜点四道	水晶奶黄包	蒸
	九层马蹄糕	蒸
	西米珍珠球	蒸
	鲜奶鸡蛋挞	烤
汤羹一道	银耳白果羹	煮
水果一道	时令水果拼	

二、组织管理

面点席制作的主持者应根据开席规模对岗位的工作量作出预算，然后再安排具体人员。面点席的组合运用涉及多方面的知识和技能，它需要部门人员的共同配合，安排时应本着既保证人手够用，又防止人多手杂的原则，做到选人从简、从优，各负其责。岗位定员后，主持者要认真检查各项准备工作：一要检查鲜活原料的准备情况，二要检查干货原料的事先涨发及半成品的准备情况，三要检查盛器和装饰材料的准备情况。如发现原料不符合制作要求，应及时采购或更换品种，不能随意降低原料的质量标准。此外，还应根据开席时间对各工序完成的具体时间作出严格规定，避免出现漏做、漏上面点或推迟上面点的现象。注意检查炉灶、工具的卫生状况等，以保证各项工作能有条不紊地在预定的时间内完成。

三、造型与配色

造型与配色是面点席中艺术性、技术性较强的工序。一台好的面点席不仅要求面点可口宜人，还要以美观大方的造型和明快的色彩给人以美的享受，以提高消费者品尝面点的情趣。

面点席中可用菜肴拼盘、食品雕刻造型或点盘造型，以达到烘托的效果。点盘也称看盘，是根据设宴目的设计并与筵席的主题是相一致的，一般采用捏花或裱花的手法制作，如生日宴可用面点组合成"百寿图"或硕果点盘；迎客宴或婚宴可用裱花工艺制作"花篮迎宾""百年好合"点盘。除了点盘外，其他面点在造型组装上要求立意新颖、构思合理，既要讲究造型，又要注意其可食性。

配色是指面点席的总体色彩设计。面点席的配色要考虑以下因素：① 充分利用原材料原有的颜色。如菜叶的碧绿色，蛋清的白色，草莓或樱桃的鲜红色，可可或咖啡的棕黑色，蟹黄或蛋黄的黄色。这些原料本身就具有各种自然的色相、色度、明度，层次丰富、自然且符合人们的饮食心理。② 成熟工艺的增色应用。如炸点、烤点的金黄色，蒸点的雪白、晶莹、透亮。使用不同的成熟方法，可使面点席色彩更加丰富、诱人。③ 盛器色彩的变化。要求结合面点的造型、色彩选用盛器，以达到面点与器皿的和谐。如雪白透亮的瓷器显得素雅大方，金银盘器显得高雅富贵，玻璃器皿显得华丽，竹木器皿更显古朴自然之美。④ 围边点缀增色的运用，即面点装盘时在周围用各种围边材料装饰点缀。

任务7.3 筵席面点的美化工艺

筵席面点不仅在口味上要求可口宜人，还要求能以精美的工艺给人以美的享受，从而衬托筵席的主题气氛，并与筵席的其他内容配合达到最佳效果。为了实现此要求，必须对筵席面点进行美化，即根据筵席面点涉及的原料、刀工、火候、造型、装盘以及命名等多方面因素，进行美化工艺的再设计、再创造。

筵席面点在美化过程中，一定要根据筵席的总体要求，注意质量和卫生，以食用为主、美化为辅。可着重通过设计面点图案造型和运用辅助手段来提高面点的造型美、色彩美、情趣美。各种美化工艺手法必须在保证面点质量的基础上进行，切不可本末倒置、华而不实，背离了食品造型艺术的基本原则。

筵席面点美化工艺包括面点造型和围边装饰两方面。

一、面点造型

面点造型是指运用不同的成形手法塑造面点的形象。筵席面点在造型上一要美观，二要灵巧，三要多变。

我国面点的造型种类繁多，不同地区有不同的造型手法。从造型的外观形态划分，大致有自然形态、几何形态、象形形态三种。

（一）自然形态

面点的成形主要是利用面皮在受热成熟时产生的气体或糖、油等辅料的作用，使成品形成自然的形态，如蜂巢荔芋角、波丝油糕、蚝油叉烧包、猪油棉花杯。

（二）几何形态

几何形态是通过模具或刀工使面点形成规矩的形态。几何形态是面点造型的基础，在实际工作中应用最广，它具有整齐、规范、便于批量生产的特点。几何形态又可分为单体几何形态和组合几何形态。单体几何形态，如面点单体形成的正方形、长方形、菱形、圆形、椭圆形。千层油糕、芸豆卷、豌豆黄、九层马蹄糕、蛋糕卷、八宝饭等均为单体几何形态。组合几何形态由多种单体几何形态组合而成，如千层宝塔酥、立体棱花蛋糕就是由多种单体几何形态组合而成。

（三）象形形态

象形形态是通过手工包捏等成形手法模仿动植物的外形来造型，使成品具有动植物的形状。如佛手酥、莲花酥、蟹黄菊花烧卖、绿茵白兔饺、象形雪梨果以及装盘点缀的捏花，都是模仿动植物形状的面点造型。面点象形造型是我国面点制作技术中的主要成形手法之一，有着悠久的历史、丰富的内容。掌握象形造型需要制作者有扎实的基本功及审美观，制作中既要有逼真的效果，又要有进一步的艺术创造，才能达到情、意、趣、形的统一。

筵席面点不论采用何种造型，都要求美观精致、富有特色，而且要掌握面点的分量、大小一致。筵席面点一般每个重 20～30 g，以一两口能吃完为宜。因筵席面点是与菜肴配套的，或是由面点、汤羹、水果组成的全面点席，食客食用面点品种较多，主要在于品尝风味，分量过大会显得粗笨，又不宜进行装盘点缀。另外，每道面点的份数应与食客人数相同或超出 1~2 件，以满足每客一份的基本要求。

（四）面点色彩的味觉表现力

1. 白色

白色给人以整洁、软嫩、清淡之感，如糯米年糕、艾窝窝、糯米糕。而白色带油光时，则常给人以肥、浓的感觉，如各种包子（皮面中有适量的油脂）。

2. 红色

红色是与味道极为密切的颜色，给人印象强烈，味觉鲜明，感到浓厚的香味和酸甜或辛辣的快感。

3. 黄色

黄色多有清香感觉，鲜美之感略逊于红色。金黄色多具酥脆、干香感，如擘酥角、排叉、黄桥烧饼；淡黄色则有嫩而淡香、甜味感，如蒸制的蛋糕。橘黄、深黄色有香甜、肥糯的特色。但黄色，尤其是淡黄色，还给人以淡薄味寡之感，所以一些炸制点心，如黄色太浅，则可能被认为不熟。

4. 绿色

绿色给人以明媚、鲜活、自然之感。淡绿、葱绿和嫩绿色意味着新鲜、清淡，若再配以淡黄色则更觉突出。如绿茵白兔中的菜松、用澄面捏的小萝卜缨等装饰物。而黄绿色容易使人联想到枯叶，较少用。

5. 茶色（咖啡色、褐色）

茶色是红茶、咖啡、巧克力、可可所具有的本色。它具有浓郁芳香的美感，如巧克力饼干、芝麻酱花卷、核桃盏。茶色有加强味感的作用。

6. 黑色

黑色给人以糊、苦感。有的食物似黑但味浓、干香、耐人寻味，给人余味隽永的印象，如五香牛肉干、豆酱、焦枣。

7. 蓝色

蓝色给人不香或不是菜肴的感觉。天然的食物几乎无蓝色。但蓝为冷色，使人冷静，有清静、凉爽的效果。用白底蓝花的盘子盛上点心，在食用了冷荤、热炒，喝了烧酒，耳热舌燥之时，将其端上桌，素雅清爽，使人有冷静、清醒之感。

二、围边装饰

1. 围边装饰的概念

围边装饰又称盘饰，是在传统面点制作工艺的基础上，选用色泽鲜明、便于塑形的可食性材料，根据面点的特色、创意，在碟边或碟中装饰点缀的过程。每一道面点都应色、香、味、形、质俱佳，如果在装盘时进行一些围边点缀的辅助性美化工艺，会使面点增色不少。

2. 围边装饰的目的

盛放点心的盘子，经过装饰后，可达到激发消费者食欲，使人获得美感，同时增加产品的卖点，提高经济价值的目的。

3. 围边装饰的要求

由于围边装饰的方法和手段是多样的，如点缀、喷洒、涂抹、雕、捏、编织、造型；所用的原料也是多种多样的，如面团、澄粉、糖膏、油膏、杏仁膏、色素、樱桃、金糕、菜松、蛋松、巧克力、果料，所以围边装饰的总体要求是：以美化为标准，以简洁为原则，以色彩和谐、艳丽为追求目标，最终达到色、形、意俱佳的效果。

（1）围边装饰对器皿的要求。一般来讲，用于装饰的盘子应是素色的，最好是纯白色。因素色的盘子有利于表现作品的内容，体现作品风格。

（2）围边装饰对卫生的要求。面点的围边装饰一般具有可食性。虽然食客并不一定食用围边装饰的材料，但作品均应按可食要求设计。因此，卫生工作很重要。制作者不应只重艺术要求而忽略了安全要求。原料在加工前，应进行严格的消毒处理。对有些品种要进行热处理，有的还要设计必要的调味工序，使之既卫生，又与点心的口味相协调。

（3）围边装饰的方法

常用的围边装饰方法有：澄面捏花，奶油裱花，糖粉捏花，熬糖拉花、吹花，琼脂冻糕衬底、印花，酥点造型，菜丝、蛋松以及时令鲜果等。其中，最常用的是澄面捏花和时令鲜果点缀。

围边装饰时，要根据面点的特色、创意进行，要求主题与点缀协调一致，做到色调清新、情趣高雅、简洁大方，不可喧宾夺主、过多过杂。面点的质量、品位，主要是靠面点本身来体现的，要避免本末倒置，不可过分强调围边点缀而忽视面点自身的质量。

围边装饰时还要注意面点的质地与围边装饰材料的协调性，如炸点、烤点不宜直接置于琼脂冻糕上，否则面点易吸收琼脂冻糕的水分而回软；蒸点不宜采用酥炸的材料装饰，否则酥炸材料会吸收蒸点的水分而回软倒伏。白鹅戏水、绿茵白兔、雏鸡闹春、梅花马蹄卷等都是比较成功的围边装饰，创出了很好的意境。

👆 **知识链接**

筵席的来历

宴饮活动时食用的成套肴馔及其台面统称为筵席，古称酒席。古人席地而坐，筵和席都是宴饮时铺在地上的坐具，筵长、席短。《礼记·乐记》《史记·乐书》中都曾记述古代"铺筵席，陈尊俎"的设筵情况。此后，筵席一词逐渐由宴饮的坐具演变为酒席的专称。由祭祀、礼仪、习俗等活动而兴起的宴饮聚会，大多都要设酒。而以酒为中心安排的筵席菜肴、点心、饭粥、果品、饮料，其组合对质量和数量都有严格的要求。这些内容在现代已有许多变化。著名的筵席有用两种或两类原料为主制成各种菜肴的全席，有以某种珍贵原料烹制的头道菜命名的筵席，也有以展示某一时代民族风味水平为主的筵席，还有以地方饮食习俗为名的筵席。在中国历史上，还出现过只供观赏、不供食用的看席。这种看席，是由宴饮聚会上出现的盘饤、豆饤、高饤、看碟、看盘演进而来的，因其华而不实，至清末民初时大部分已被淘汰。筵席的种类、规格及菜点的数量、质量都在不断发生变化。其发展趋势是全席逐渐减少，菜点少而精，制作更加符合营养安全要求，筵席菜单的设计更突出民族特点、地方特色。

项目小结

本项目主要介绍了筵席面点的组配要求，强调筵席面点的组配要求在色、香、味、形、质、器上与筵席总体要求相一致；学习了全席面点的设计与配置，如何设计订单，并且介绍了面点颜色的味觉表现，并着重介绍了围边装饰在筵席面点中的作用和几种常用的装饰美化方法。

练习与拓展

一、填空题

1. 筵席是人们为了一定的社交目的而形成的一种聚食形式，具有_____、_____、_____等特点。

2. 筵席面点应在色、香、味、形、_____、_____等方面与筵席总体要求相一致。

3. 根据季节的变化，人们的饮食习惯有_____、_____、_____、_____的特点。为此，在筵席面点的口味上应该尽量突出季节特点。

4. 从外观形态划分，筵席面点的造型大致有_____、_____、_____三种。

5. 筵席面点常用的围边装饰点缀方法有_____、_____、_____、_____、_____等。

6. 白色给人以_____、_____、清淡之感。

7. 围边装饰时，要根据面点的_____、_____进行，要求_____与_____协调一致。

8. 面点的围边装饰一般具有_____。虽然食客并不一定食用围边装饰的材料，但作品均应按_____设计。

9. 筵席面点一般每个重_____g，以一两口能吃完为宜。

二、选择题

1. 在筵席面点的组配设计中，一般是根据（　　　）原则来制定面点品种。

A. 主题的要求　　　　B. 筵席的规格　　　　C. 季节的变化

D. 消费者的要求　　　E. 招牌面点

2. 全席面点的内容是（　　　）。

A. 面点拼盘　　B. 咸点　　C. 甜点　　D. 汤羹　　E. 水果

3. 利用面皮在受热成熟时产生的气体或糖、油脂等辅料，使成品形成自然形态的品种是（　　　）。

A. 蜂巢荔芋角　　　　B. 猪油棉花杯　　　　C. 蟹黄菊花烧卖

D. 绿茵白兔饺　　　　E. 波丝油糕

4. 在筵席面点的装饰点缀中要注意（　　　）。

A. 点缀材料必须是可食性的　　　　　　　　　B. 避免使用人工合成色素

C. 一定要充分体现工艺的难度　　　　　　　　D. 努力做到情、意、趣、形的统一

E. 装饰材料与面点质地的协调

5. 下列品种中属于象形造型的有（　　　）。

A. 千层油糕　　　　　　　B. 豌豆黄　　　　　　　C. 莲花酥

D. 绿茵白兔饺　　　　　　E. 蜂巢荔芋角

6. 下列品种属于自然形态的有（　　　）。

A. 蜂巢荔芋角　　　　　　B. 蚝油叉烧包　　　　　C. 猪油棉花杯

D. 千层油糕　　　　　　　E. 芸豆卷

7. 面点席以咸点为主，约占（　　　）；甜点为辅，约占（　　　）。

A. 60%，50%　　　　　　B. 50%，60%　　　　　　C. 30%，60%

D. 60%，30%　　　　　　E. 40%，60%

8. 一台好的面点席不仅要求面点可口宜人，还要（　　　）给人以美的享受，以提高食客品尝面点的情趣。

A. 美观大方的造型、明快的色彩　　　　　　　B. 美观大方的造型、特殊的色彩

C. 典雅的风格、大方的造型　　　　　　　　　D. 明亮的色彩、独特的造型

9. 制订全席面点订单时，除要根据消费者的意图和要求、规格水平、季节时令、民俗习惯外，还要根据（　　　）条件等来设计。

A. 厨房设计、厨师的水平　　　　　　　　　　B. 制作者的技术水平和厨房设备

C. 制作者的技术水平、厨房建设　　　　　　　D. 厨房设施、厨师的水平

10. 我国面点的造型种类繁多，从造型的外观形态划分有（　　　）几类。

A. 自然形态　　　　　　B. 象形形态　　　　　　C. 几何形态　　　　　　D. 抽象形态

三、判断题

（　　　）1. 筵席面点在造型上一要美观，二要灵巧，三要多变。

（　　　）2. 筵席面点的特点是用料档次高，做工精细，讲究装饰点缀。

（　　　）3. 筵席面点的规格档次是由筵席的价格决定的。

（　　　）4. 面点席以咸点为主（约占60%），甜点为辅（约占30%），汤羹、水果为补（约占10%）。

（　　　）5. 在配置筵席面点时，应根据季节的变化作相应的变化。

（　　　）6. 筵席面点在色、香、味、形、质、器等方面与远席的总体要求是一致的。

（　　　）7. 围边装饰时不需要注意面点的质地与围边装饰材料的协调性。

（　　　）8. 筵席是围绕人们的社交目的而设置的。

（　　　）9. 用于装饰的盘子应是素色的，最好是纯蓝色的。

(   ) 10. 蓝色给人不香或不是菜肴的感觉。天然的食物几乎无蓝色。

四、思考题

1. 筵席面点的组配要求应该注意哪几个方面？

2. 请你结合本地情况，试列举一些地方特色的面点。

3. 面点席的配色需要考虑哪些因素？

4. 运用围边装饰时应注意些什么？

五、案例分析

1. 李娜同学将炸好的莲花酥摆放在自己做的琼脂冻糕作点缀的盘上，谁知一会儿莲花酥出现回软掉瓣现象。请你分析其中原因。

2. 筵席面点在美化过程中，要根据筵席的总体要求以食用为主、美化为辅，不能本末倒置、喧宾夺主。请你列举一例加以说明。

3. 王小刚同学捏好的澄面花出现开裂现象。请你帮他分析原因。采取什么措施可以防止开裂？

六、实践拓展

1. 请你根据一甜一咸的要求，写出两道筵席面点的名称。

2. 请你根据二甜二咸的要求，写出四道筵席面点的名称。

3. 请你根据二甜四咸的要求，写出六道筵席面点的名称。

4. 请你运用所学知识，并根据地方特色，设计出一份全席面点订单。

5. 现有12件九层马蹄糕成品（每件均为菱形），请你根据成品的外观形态，完成围边装饰。

6. 现有12件莲花酥成品，请你根据成品的外观形态，完成围边装饰。

7. 现有12件绿茵白兔饺成品，请你根据成品的外观形态，完成围边装饰。

读者意见反馈

为收集对教材的意见建议，进一步完善教材编写并做好服务工作，读者可将对本教材的意见建议通过如下渠道反馈至我社。

咨询电话　400-810-0598
反馈邮箱　zz_dzyj@pub.hep.cn
通信地址　北京市朝阳区惠新东街4号富盛大厦1座
　　　　　高等教育出版社总编辑办公室
邮政编码　100029

防伪查询说明

用户购书后刮开封底防伪涂层，使用手机微信等软件扫描二维码，会跳转至防伪查询网页，获得所购图书详细信息。

防伪客服电话
（010）58582300

学习卡账号使用说明

一、注册/登录

访问 https://abook.hep.com.cn，点击"注册"，在注册页面输入用户名、密码及常用的邮箱进行注册。已注册的用户直接输入用户名和密码登录即可进入"我的课程"页面。

二、课程绑定

点击"我的课程"页面右上方"绑定课程"，在"明码"框中正确输入教材封底防伪标签上的20位数字，点击"确定"完成课程绑定。

三、访问课程

在"正在学习"列表中选择已绑定的课程，点击"进入课程"即可浏览或下载与本书配套的课程资源。刚绑定的课程请在"申请学习"列表中选择相应课程并点击"进入课程"。

如有账号问题，请发邮件至：4a_admin_zz@pub.hep.cn。